未来工程师

芯片内部的奇妙迷宫

田力 编著

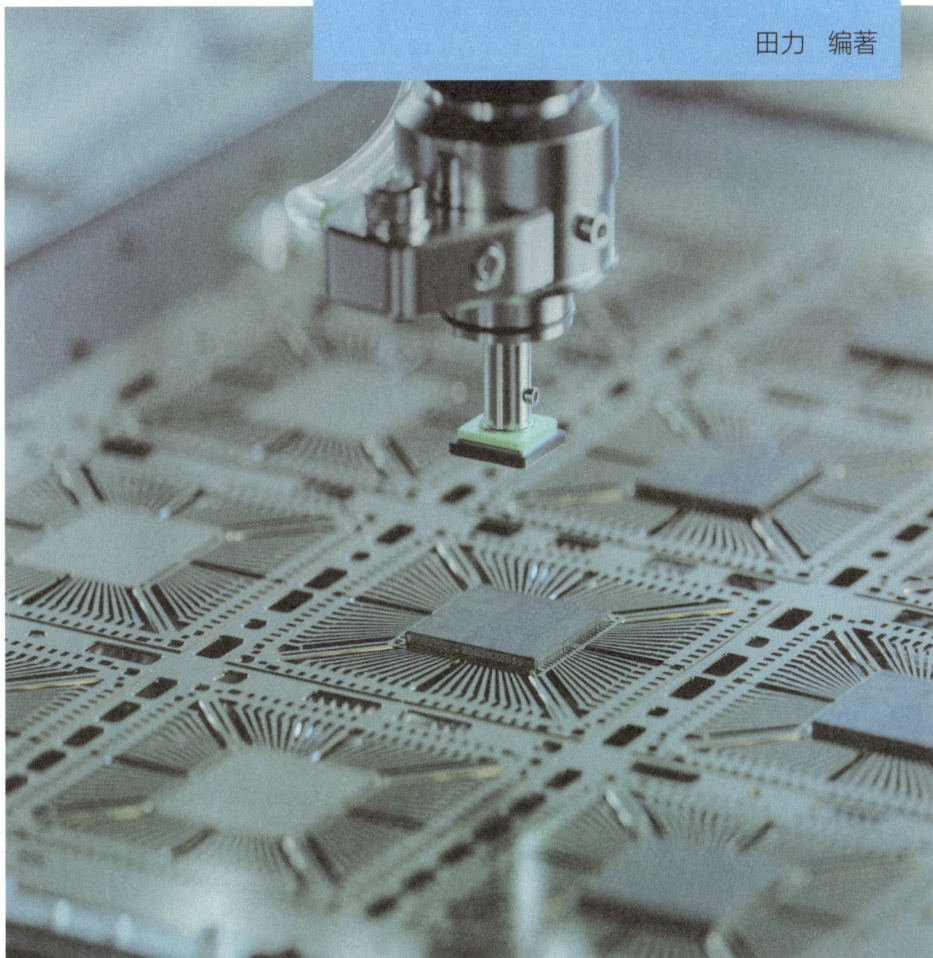

北方妇女儿童出版社

·长春·

图书在版编目（ＣＩＰ）数据

芯片内部的奇妙迷宫 / 田力编著 . -- 长春：北方
妇女儿童出版社 ,2025. 7. -- (未来工程师). -- ISBN
978-7-5585-9285-0

Ⅰ. TN43-49

中国国家版本馆 CIP 数据核字 第 2025FL1512 号

芯片内部的奇妙迷宫

XINPIAN NEIBU DE QIMIAO MIGONG

出 版 人	师晓晖	
策 划 人	陶　然	
责任编辑	曲长军	
开　　本	889mm×1194mm　1/16	
印　　张	4	
字　　数	50 千字	
版　　次	2025 年 7 月第 1 版	
印　　次	2025 年 7 月第 1 次印刷	
印　　刷	长春新华印刷集团有限公司	
出　　版	北方妇女儿童出版社	
发　　行	北方妇女儿童出版社	
地　　址	长春市福祉大路 5788 号	
电　　话	总编办：0431–81629600	
	发行科：0431–81629633	
定　　价	21.80 元	

　　半导体是一种导电性能介于导体与绝缘体之间的材料，比如硅。在地壳中，含量最多的元素是氧，其次就是硅。人类离不开氧，而在现今的电子信息时代，我们也一样离不开硅。硅对我们来说既熟悉又陌生，熟悉是因为它就存在于我们的身边。在茫茫山海中，一颗石头、一粒沙微乎其微，而硅就来自这些极其普通的身边事物。说硅陌生，是因为虽然人类的祖先早在石器时代就已经开始利用石块来制作工具，但我们认识硅、认识半导体的相关历史才不到两百年。

　　19世纪，人类发现了半导体材料的热敏性、光伏效应、光导电效应和整流特性，但这些发现在当时并未引起人们的关注。20世纪初，随着量子力学横空出世，人类对微观世界的认识加快了步伐，原子组成结构与电子运行轨迹的真相也逐渐浮出水面。在此期间，能带理论成型，借助能带理论，科学家们对半导体材料的特性做出了合理解释，对导体、半导体和绝缘体有了更清晰、更完整的认识。

　　此后，人们尝试用半导体材料制作各种电子配件，从二极管到晶体管，从集成电路到芯片，半导体产业从通信领域开始过渡到存储领域，又借着计算机技术兴起的东风蓬勃发展，直到今天，成为现代电子信息行业的基石。无论多少年后回想，这段波澜壮阔、充满震撼的科技史都始终令人心潮澎湃，而这正是人类不断探寻科学真理、超越自我的伟大所在！

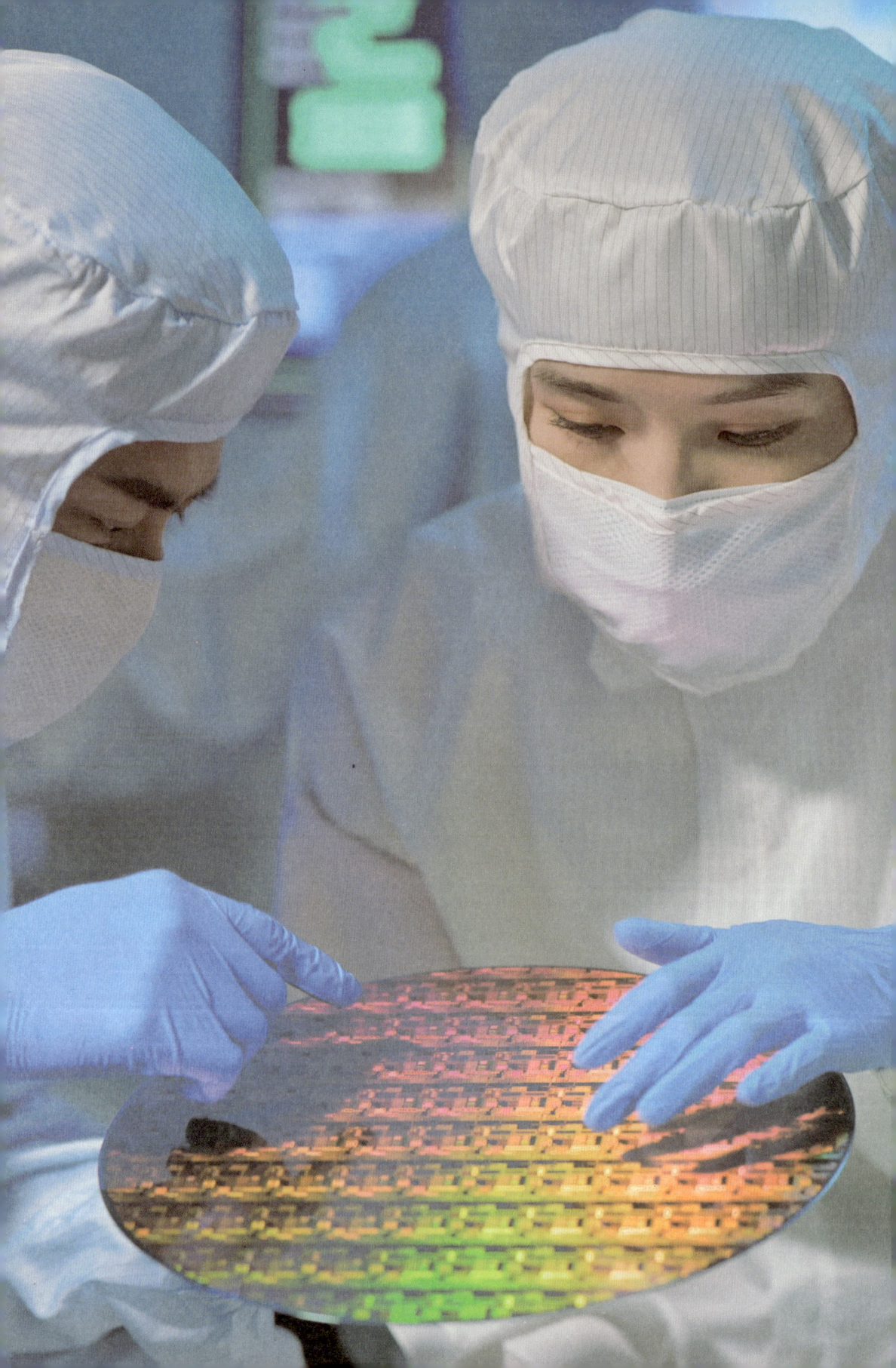

目 录

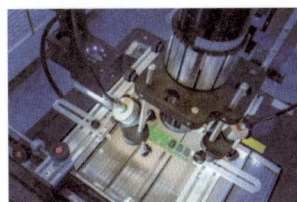

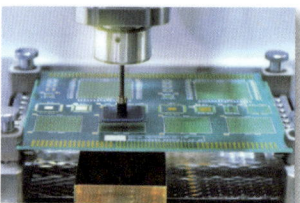

爱迪生的灯泡

19世纪后半期，爱迪生发明了灯泡。然而灯丝在高温下碳化，很容易导致灯泡变黑。在解决这个问题的过程中，大发明家意外发现了"爱迪生效应"，没想到由此揭开了半导体革命的序幕。

▲爱迪生和他发明的灯泡

"爱迪生效应"

为了阻挡灯丝碳化后的颗粒污染灯泡玻璃，爱迪生将一枚铜片放置在灯丝与玻璃之间。结果他发现，铜片上的电压改变后，有电流沿着铜片—灯丝这一单向路径，"隔空"流向了灯丝，这就是"爱迪生效应"。

▲爱迪生发明的灯泡经过了一系列改进

汤姆逊发现电子

19世纪80年代，英国物理学家约翰·弗莱明重复了爱迪生的实验。1897年，汤姆逊通过在真空玻璃管两端安装金属电极，然后通电，发现了从原子中剥离出来的带负电的电子。这个发现为后来半导体发展史上的重要发明——真空二极管打下了基础。

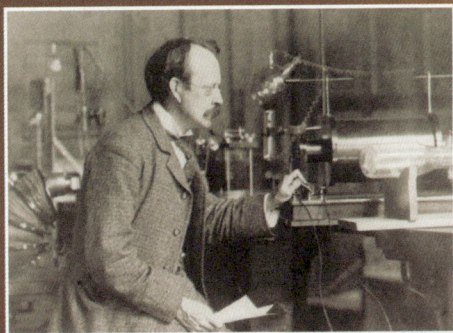

◀汤姆逊和他发明的阴极射线管

惊人的事实

虽然"爱迪生效应"是爱迪生与他的团队最早发现的，但他们未能发现这一现象的巨大潜力，因而也错过了真空管的发明。

真空管

19 世纪末，马可尼的无线电通信试验成功后，为了扩大影响，他决定尝试跨大西洋的远程无线电通信，并邀请了弗莱明帮忙改进无线电发射机和接收机。真空管在这样的背景下应运而生。

▶马可尼发明的采用单极天线的发射器

▲马可尼展示他在首次进行长途无线电传输时使用的设备。发射器在右边，接收器和纸带录音机在左边。

检波与整流

跨洋通信的最大挑战是检波信号、放大信号。由于接收端天线接收到的信号非常杂乱，必须通过检波把真正需要的信号"过滤"出来。另外，发射端发出的无线电波产生的感应电流还需要通过整流处理，之后才能将信号中的信息提取出来。

▲约翰·弗莱明

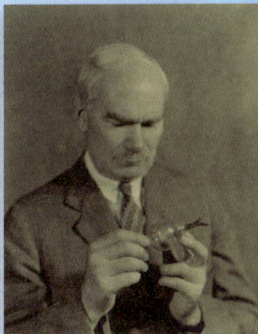

▲李·德福雷斯特

真空二极管

检波和整流的关键技术就是单向导通性（单向导电），即只允许电子流在一个方向上传输。弗莱明受"爱迪生效应"的启发，制成了装有电极（用来发射和接收电子）的真空二极管。这种真空二极管具有整流和检波两种作用，是人类历史上最早出现的电子器件。

栅极

弗莱明的真空二极管只有两个电极（发射极和集电极），无法控制电子流的大小，并进一步放大信号。1906年，美国物理学家李·德福雷斯特在弗莱明的真空二极管中增加了一个金属网状结构作为第三个电极，称为栅极，真空三极管由此诞生。

惊人的事实

1946年，第一台电子数字积分式计算机（简称 ENIAC）诞生，据称它使用了 17468 根真空管。

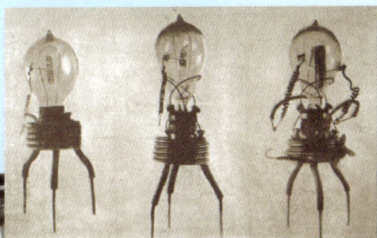

◀弗莱明的真空二极管

▲世界上第一台通用计算机 ENIAC 上的真空管

信号放大原理

栅极位于真空管的两极之间，当栅极接收到一个微弱的交流信号时，集电极就会输出一个幅度更大的交流信号，而且两者之间的相位和波形保持一致。这就是信号放大原理。

半导体的兴起

　　真空管不仅能够放大信号，还能用来做开关。比如世界上第一台电子数字积分式计算机 ENIAC 就是通过在栅极上施加一个很大的负电压，使电流中断，利用电流的开通和中断作为 0 与 1 两种状态，用来表示二进制并进行运算。但是这和半导体的兴起有什么关联呢？

▲早期电视机上的真空管

真空管的弊端

　　真空管问世后，在收音机、电视机、无线电报、音响、计算机等各领域都有广泛应用，但科学家们也发现了真空管具有速度慢、发热严重、故障率高、体积大等弊端。人们迫切想找到一种可靠、小巧和快速的电子开关，来取代真空管。

半导体带来的困惑

　　20 世纪 20 年代，量子力学理论大厦的建成掀开了科学史上新的篇章。随着人们对微观粒子世界的深入探索，一种叫半导体的材料进入科学家的视野。半导体是一种导电性能介于导体和绝缘体之间的材料，但其内部导电机制的成因一直困扰着科学家。

▲ 1927 年第五次索尔维会议，此次会议主题为"电子和光子"。在这次会议上，当时世界上最主要的物理学家聚集在一起，共同讨论了新近涌现出的量子理论。

威尔逊的理论

　　20 世纪 30 年代初，剑桥大学的艾伦·威尔逊等人以量子物理学为工具，对半导体的导电机制展开了一番新的研究。1931 年前后，艾伦·威尔逊提出了"能带理论"，并用该理论解释了半导体中电子的不确定性，以及由此产生电流的原理，这一理论的出现为半导体二极管和晶体管的发明奠定了基础。

▲世界上第一台通用计算机 ENIAC

惊人的事实

据称，ENIAC 计算机一旦启动运行，每小时将消耗 150 千瓦的电，每过 15 分钟就会有一个真空管因过热而爆掉。

半导体的导电机制

半导体的导电特性介于导体（如金属）和绝缘体（如塑料）之间，这些特性使得半导体在电子学中非常重要，也因此被广泛应用在电子器件、电路、传感器等领域。

电子越多越容易导电吗？

在半导体材料中不是这样。艾伦·威尔逊通过研究发现，半导体中并不是电子越多越容易导电，其导电的关键在于要有足够多的空位。空位多了，电子才能移动，进而导电。当电子都堵在一条叫作"价带"的路上时，电子就无法自由移动并形成电流。

电子跃迁

在半导体中，电子可以在电场的引导下，在不同区域之间跃迁，从而形成电流。要让半导体导电，需要使堵在"价带"上的电子跃迁至叫作"导带"的区域。虽然这种情况实现起来非常困难，但由于电子的不确定性，再加上电子总体数目庞大，总有部分电子能够成功跃迁，因此通过这种方式让半导体导电成为可能。

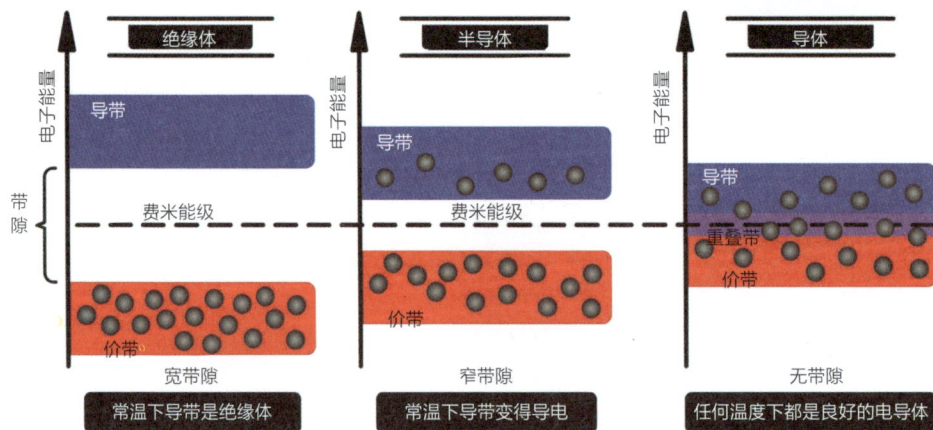

绝缘体	半导体	导体
电子能量 导带 费米能级 带隙 价带 宽带隙	电子能量 导带 费米能级 价带 窄带隙	电子能量 导带 重叠带 价带 无带隙
常温下导带是绝缘体	常温下导带变得导电	任何温度下都是良好的电导体

▲绝缘体、半导体和导体的导电机制比较

半导体的导电机制

在威尔逊的理论中，导带就好比"高架桥"。在绝缘体中，这个"高架桥"太高，电子成功跃迁的可能性太小，所以无法导电；导体里边"高架桥"太低，电子很容易跃迁上去，轻松导电，但又因为无法让电子停下来，所以很难阻断；而半导体的"高架桥"高度正合适，当外部电压发生变化，半导体内部的电荷就会跟着发生变化，电荷瞬间重新分布，从而迅速切换到关闭状态（变成绝缘体）或者开通状态（变成导体）。

惊人的事实

半导体在极低温度下可以表现出超导性。所谓超导性，即电阻突然降至零，使电流可以无损耗地流动。

半导体的特性

在常温下，半导体的导电性能会介于导体和绝缘体之间，既不完全导电，也不完全绝缘，不过在一定条件下，它可以改变导电性。除了这一点，半导体的热敏性、光敏性和掺杂性等特性也让它在材料界备受青睐。

导电可控性

当给半导体材料提供一定的能量（如电压或光照）时，它可以改变自己的导电性。也就是说，它可以控制电流的流动。换句话说，半导体材料的导电性可以根据需要进行调控，这使得它非常适合作为制作电子器件的原材料。

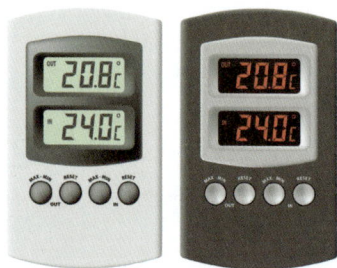

◀热敏电阻元件可以用于电子温度计、气温计、温度控制器等领域

热敏性

半导体材料的电阻会随着温度的升高而明显变小，这种对温度变化的敏感性称为半导体的热敏性。当环境温度升高时，半导体的导电能力会大幅度增强。因此，用半导体制成的热敏电阻常被用于温度控制。

▶光电传感器

光敏性

半导体材料具有光敏性是因为光与物质可以相互作用。当光照射到半导体材料上时，光子被吸收并激发半导体中的电子，受激发的电子会跃迁到导带中，并在电场作用下形成电流。这一特性使半导体材料在太阳能电池和光电传感器中得到应用。

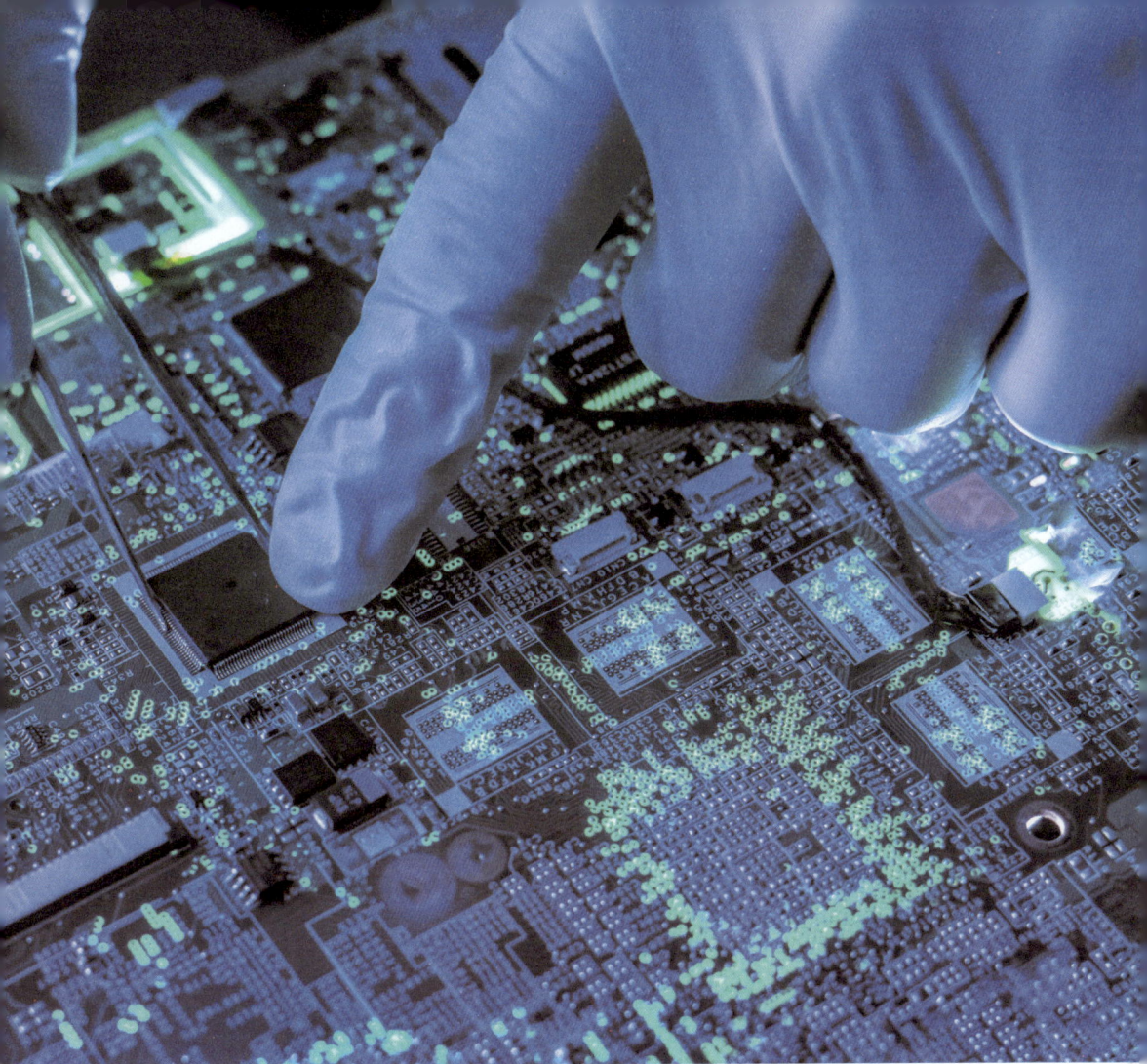

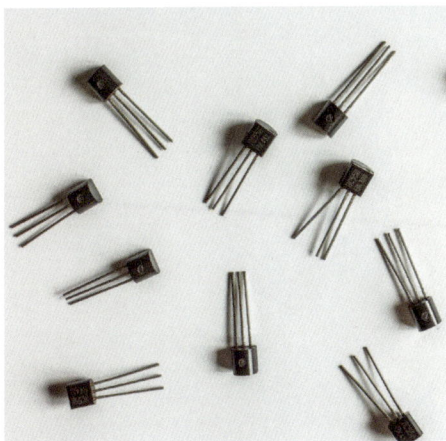

▲晶体管

半导体的掺杂性

在半导体中掺入一定浓度的杂质后,可改变半导体的导电类型,其导电能力也会大幅度增加。利用这种特性可以制造出不同用途的半导体晶体管与集成电路。

半导体材料

硅是最早开始得到应用的半导体材料，但随着科学家和工程师的努力，现在我们也使用其他材料来制造半导体，以满足不同的需求和应用。

▲ 硒矿石

最早发现的半导体材料——硒

硒是最早发现的一种半导体材料。科学家们发现硒在光照下的导电性会发生变化，这种现象被称为光电效应。随着对半导体材料的研究，科学家们后续又发现了硅、锗等其他半导体材料。

硅的黄金时代

硅具有良好的稳定性和可控性，这使其成为半导体材料的首选。硅在地壳中的蕴藏量非常丰富，成本相对较低，同时又具有良好的电子特性，因此被广泛应用于各种电子器件和集成电路中。

▼碳化硅

▲锗矿石

锗

　　锗作为制造半导体器件的材料之一，应用得也比较早。它的导电性比硅要好，但在使用时性能相对不稳定。目前，硅由于加工技术成熟、价格低廉，应用范围最广，而锗的应用较为有限。

金属氧化物半导体

　　随着技术的发展，科学家们发明了金属氧化物半导体，这是由金属与氧形成的化合物半导体材料。氧化物半导体多是容易成为绝缘体的氧化物，但它们同时又具有半导体的性质，而且很多对湿度与温度均比较敏感。

▼研究半导体硅晶片

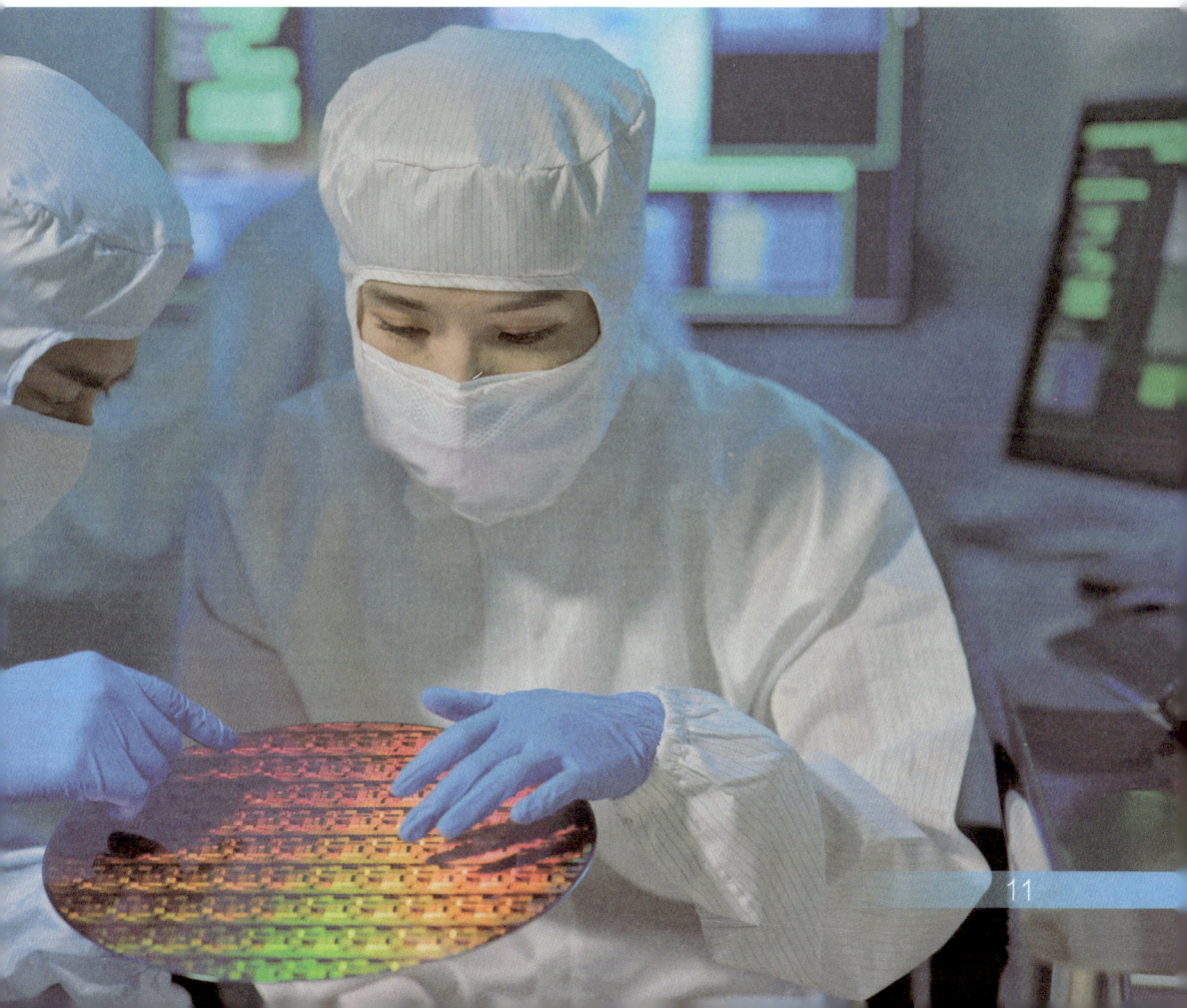

半导体的应用

与导体和绝缘体相比，人类对半导体的认识和发现最晚。20世纪30年代，得益于对硅等半导体材料提纯技术的不断改进，半导体应用技术实现了惊人的发现和突破。从最早的半导体研究到今天的现代电子世界，半导体已经彻底改变了我们的生活方式。

◀ LED 照明中，半导体材料制成的电灯能够提高照明效率，节约能源。

理想的电子材料

科学家们研究发现，通过添加杂质（半导体的掺杂性）可以精确控制半导体材料的导电率，从而使半导体能够在不同条件下传导电流。这种特性也使半导体成为电子设备中的理想材料，用于制造各种电子器件，这些器件在电子电路中发挥着关键作用，如放大信号、开关电路和转换光信号等。

▼半导体太阳能电池板

▲ 条形码扫描

光敏领域的应用

半导体对光敏感，当光照射到半导体上时，可以产生电子—空穴对，这是光电效应的基础。太阳能电池和光电传感器等就是利用了半导体的这个特性。

传感技术的关键

半导体传感器能够检测温度、压力、光线、湿度等各种物理量，在汽车、医疗设备和工业自动化领域中广泛用于监测和控制环节。半导体传感器的多功能性使其成为现代科技产品中不可或缺的一部分。

▲半导体技术的应用可以提高电视机的图像质量，拓宽电视机的色域范围。

半导体与现代技术

半导体技术的进步推动了计算机、智能手机等现代科技产品的发展，而这些产品的应用颠覆了人类传统的生活与工作方式。在现今的数字时代，半导体技术已经深入到生活的方方面面。

▲激光打印机的打印纸感应器、送纸感应器、出纸感应器都采用了光电传感器

晶体管的诞生

第二次世界大战爆发前，雷达就已经被应用在战场上了。和马可尼的无线电报接收器一样，雷达接收器上也需要一个单向整流器件。但由于雷达波的频率比无线电报的频率高得多，原先的真空二极管频率无法继续提高，科学家于是将目光转向了半导体整流器。

▲卡尔·布劳恩。在布劳恩发现半导体整流性和"猫须"探测器诞生的年代，还没有半导体的概念。

卡尔·布劳恩发现物体"整流性"

19世纪70年代，德国物理学家布劳恩在研究一种方铅矿石的导电性质时发现，用细金属丝触碰矿石表面时，偶尔会在某个点上得到单向电流。这种单向导电性，就是半导体材料所特有的整流性。

▲早期晶体收音机中使用的方铅矿"猫须"探测器，利用硅晶体整流功能检波、侦测和解调无线电信号。

▲马可尼106型水晶接收器，探测器位于右下角。

莫特的见解

1939年，英国布里斯托尔大学的物理学家内维尔·弗朗西斯·莫特用量子物理学的理论对金属丝接触方铅矿石能产生单向电流的现象原理提出了自己的见解。他认为这是由于金属—半导体界面上存在的能量斜坡造成了单向电流。

▼晶体管和其他无线电元件

半导体与整流器

　　受莫特观点的启发，美国著名的贝尔实验室也积极投入到硅半导体整流器件的研究中。1940 年，贝尔实验室的研究人员发现：如果纯净的硅棒中混入了一定的杂质，在光线照射下，硅的内部会产生单向电流。科学家们把硅棒中带正电荷的这一端叫作 P(Positive) 型硅，把带负电荷的另一端叫作 N(Negative) 型硅。

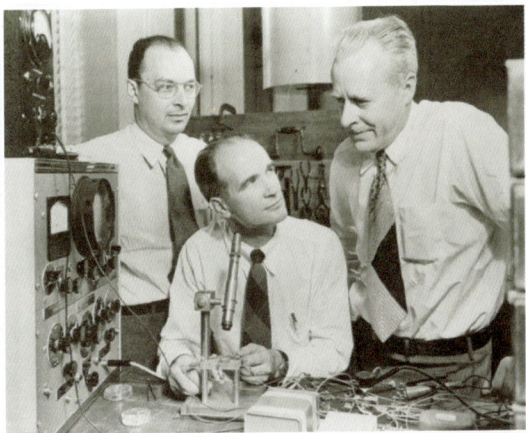

▲ 1947 年 12 月，美国贝尔实验室的肖克利、巴丁和布拉顿三人所在的研究小组研制出一种点接触型的锗晶体管。

▶ 世界上第一个工作用的晶体管，即点接触晶体管。

第一个晶体管

　　1947 年 12 月，贝尔实验室的研究团队用另一种半导体锗制成的点接触晶体管成功放大了声音信号。作为人类发明的第一个晶体管，它向世界证实这种新的固态元件具有非同寻常的放大作用。

真空管与晶体管的比较

晶体管和真空管的发明及使用对现代科技的发展起到了重要的推动作用。在科技发展史上，两者也有着一脉相承的历史。但从结构和原理上来说，它们仍属于两种不同的电子元件。

▲工作人员在更换 ENIAC 计算机中的真空管

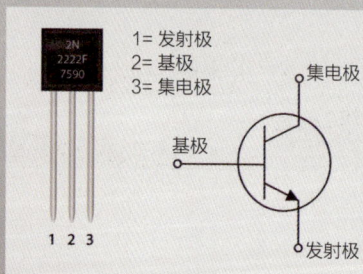

1= 发射极
2= 基极
3= 集电极

集电极

基极

发射极

1 2 3

▲晶体管的结构和电子符号

外观构造的不同

真空管是一个被抽成真空的玻璃管，它包含一个热阴极、一个阳极和一个或多个网格。晶体管的外形通常是长方形，有三根引脚，分别是基极、发射极和集电极。

▼晶体管

原理上的不同

真空管的电子从热阴极射出，飞向施加了高电压的阳极，并利用阴极和阳极之间设置的细网格状电极控制电子的流量。晶体管通过半导体材料的 PN 结（P 型半导体与 N 型半导体在同一块半导体基片上交界面处形成的空间电荷区）来控制电流的流动。

▲带真空管的电视机

优缺点差异

真空管也叫电子管，具有较高的功率承受能力、较大的电压放大系数和较低的内部噪声。但体积较大，使用时需要预热，并且耗能较高。晶体管则具有小巧、耐用、功耗低的特点，可以快速响应、无须预热，并且能够实现集成。

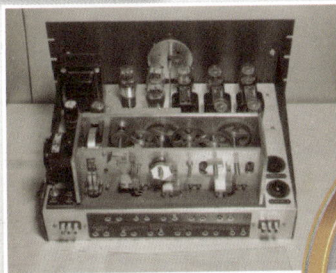
▶带真空管的老式收音机

惊人的事实

逻辑门是电路的基本组成部分，可执行逻辑运算，如与、或、非等。真空管和晶体管都能用来控制电流的输出，实现电路的开关，从而实现数学和逻辑运算。

▼真空管
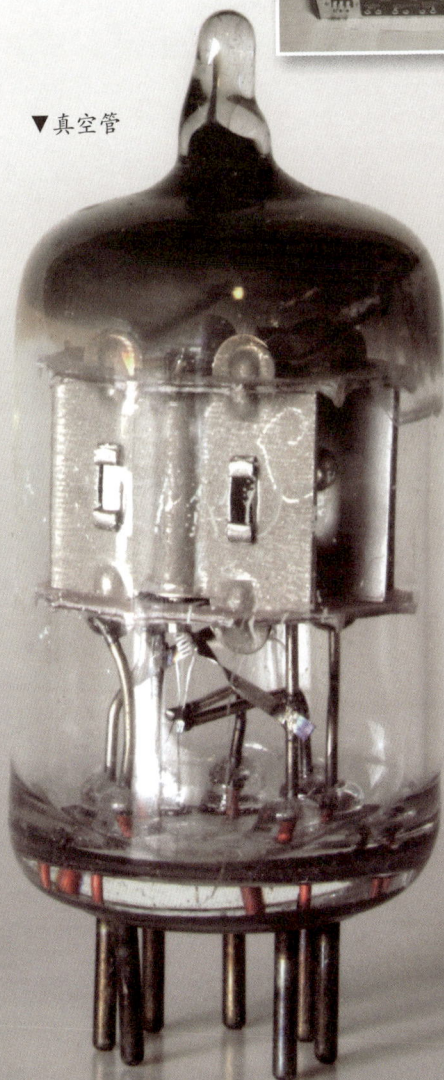

▲学生学习逻辑门电路

应用领域不同

真空管通常用于高功率放大器、射频通信和音频放大器等领域，晶体管则因小型、高效等特点被广泛应用于计算机、电视机、手机、无线电通信和各种电子设备中。

集成电路问世

晶体管诞生后很快成为计算机"理想的神经细胞"，但随着电子技术的进步，晶体管也越来越难以满足科技的发展需要。在这样的背景下，一种能够最大限度地发挥晶体管功能的新技术、新事物应运而生，这就是集成电路。

电子元件小型化的趋势

晶体管采用的硅、锗等半导体材料提纯技术的进步是晶体管进入大规模生产和应用阶段的前提。随着晶体管技术日益成熟，各种电子元件日趋变小，可靠性和寿命则大幅提升。

▲ 2019 年 AMD 公司研制的 Ryzen5-3600 处理器集成电路的未封装状态，其内部结构清晰可见。

新兴科技催生集成电路

20世纪中叶，新兴的计算机、人造卫星、航空航天等技术的迅猛发展对电子设备小型化提出了更高要求。人们疑惑：能否按照电子线路的要求，将晶体管和其他必要元件统统集合在一块半导体晶片上呢？

世界首个集成电路

1952年，英国工程师达默提出了集成化电路的设想。1958年，美国科学家基尔比用锗块制成电阻器，用PN结锗晶体做成电容器，并将锗晶体管等装在玻璃板上的锗晶片上，再通过蚀刻法在几个器件间刻出沟道，用导线将它们连接成一个完整的电路，制成了有史以来第一个集成电路。

▲ 杰克·基尔比

第三代电子器件

1959年，美国仙童半导体公司的诺伊斯用平面工艺制作出硅集成电路，真正实现了单片集成电路，这成为后来集成电路发展的原型。1962年，世界上出现了第一块仅有12个晶体管和电阻的集成电路正式商品，这是第三代电子器件正式登上历史舞台的标志性事件。

▲ 罗伯特·诺伊斯于1959年发明了第一块单片集成电路，该晶片由硅制成。

集成电路的特点

集成电路的发明使得电子设备变得更加先进和便捷，比如电脑运行速度更快、手机更小巧、电视机画面更清晰等。如今，集成电路已经广泛应用于各个领域，包括电子计算机、通信设备、导弹、雷达、人造卫星和各种遥控、遥测设备等。

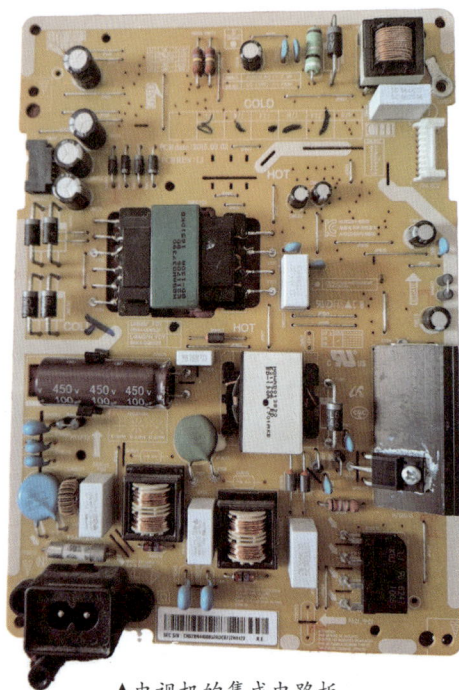
▲电视机的集成电路板

体积小、能耗小

集成电路中的所有元件在结构上是一个整体，这样整个电路的体积大大缩小，引出线和焊接点的数目也大为减少，这也使电子元件向着微小型化、低功耗和高可靠性等方面迈进了一大步。

微型电子器件

集成电路属于微型电子器件。通过一定的工艺，把一个电路中所需的晶体管、二极管、电阻、电容等，制作在一小块或几小块半导体晶片或介质基片上，然后封装在一个管壳内，就成了一个具有所需电路功能的微型结构。

▲手机的集成电路板

▲ 自动拾取和放置机器快速将组件安装在通用电路板上

装配密度高

采用集成电路的电子设备相较采用晶体管的电子设备，其电路功能部件的装配密度可以提高好几个数量级，设备的稳定工作时间也可大大提高。

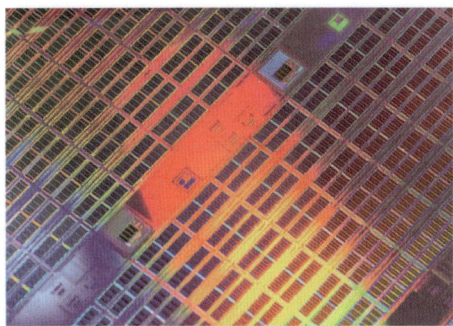

▲ 制造集成电路的硅晶片

惊人的事实

据说，世界上诞生的第一款商用集成电路，它的尺寸只有几毫米，但就是这么小的集成电路却可以完成此前数百个晶体管的工作量。

不同类型的集成电路

集成电路按制造工艺，分半导体集成电路、薄膜集成电路、厚膜集成电路和混合集成电路等；按性能和用途，分数字集成电路、线性集成电路和微波集成电路等；按集成度，分小规模、中规模、大规模和超大规模集成电路。

微处理器

微处理器是集成电路最典型的应用实例。微处理器也叫微处理机，是具有中央处理器功能的大规模集成电路器件。微处理器好比电子产品的大脑，可以像大脑控制人的身体一样控制电子设备的各个部分，让电子设备按照我们的指令工作。

▲ 微处理器后期处理

进行计算

微处理器可以进行各种各样的计算，其强大的运算能力可以帮助我们进行各种数学运算，解决小到简单的加减乘除，大到如航空航天、人工智能等前沿科技领域复杂的计算问题。

处理信息

微处理器能够接收、存储和处理包括文字、图像、声音、视频等在内的各种各样、海量、庞杂的数据信息。我们现在使用的几乎所有电子产品都需要微处理器才能工作，它是所有智能电子产品的核心。

你知道吗？

微处理器属于哪种类型的集成电路？
A. 小规模集成电路
B. 中规模集成电路
C. 大规模集成电路
D. 超大规模集成电路

答案：C

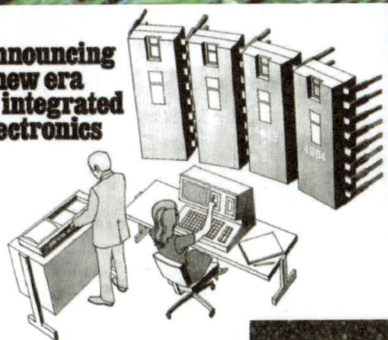

▲ 1971 年《电子新闻》
杂志上的 Intel 4004 广告

▶ Intel 的第一款
微处理器 4004

控制输入和输出

　　微处理器就像一个连接器，可以控制设备的输入和输出。以计算机来说，敲击键盘可以输入信息，显示器根据指令输出信息，而这中间都是微处理器在起连接作用，控制着键盘与显示器。

惊人的事实

　　世界上第一个商用微处理器是 Inte 4004，它于1971 年推出，仅有 2300 个晶体管。

▲ 笔记本电脑是微型计算机的一种

微型计算机

　　微型计算机也叫微机，它是使用微处理器作为中央处理器，配以内存储器和输入输出接口电路，以及相应的辅助电路的计算机。我们家里用的个人计算机就是微机，微处理器是微机的核心部件。

什么是芯片

半导体不仅仅是一种材料，还是现代电子设备中的核心部件——芯片的关键成分。芯片相当于一个小型的电子大脑，上面有数以亿计可以打开和关闭的微小开关，这些开关的状态决定了芯片的功能，确保我们的电子设备能够正常工作。

与半导体、集成电路的关系

芯片是封装好的、包含完整电路的半导体基础材料（通常是硅片）。芯片与半导体、集成电路的关系简单来说就是，芯片是载有集成电路的半导体元件。

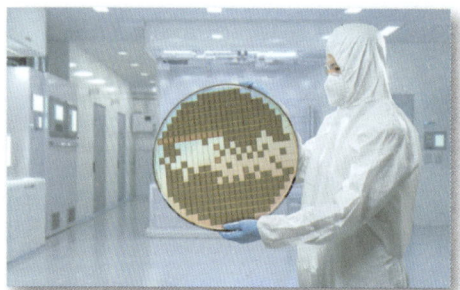

▲ 硅片等基础材料经过特殊加工可以制成晶圆，制造晶圆的技术是芯片行业的关键技术。

▲ LGA 1155（Socket H2）主板上的芯片

惊人的事实

一般认为，单块芯片上包含数十个元件为小规模，100 个以上至 1000 个为中规模，1000 个以上为大规模，10 万个以上为超大规模。

制作难度惊人

芯片的体积大约只有指甲盖大小，上面的导线却有数千米长，晶体管数量更是多达数千万乃至上亿个。制作芯片的难度不亚于在一个指甲盖大小的空间里建造一座城市。

精度纳米级，工序极复杂

芯片制作对精密度的要求非常高，度量单位以纳米计算，制作工艺的要求也是相当严格。要造出一枚芯片，可能会涉及数十台先进机器、几十个行业以及 2000~5000 道工序。

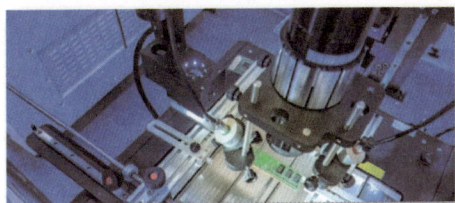

▲装在电路板上的芯片

制造不同的芯片

半导体材料的掺杂性使人们可以通过添加或移除一些杂质来改变半导体的性质，从而像变魔术一样制造出各种不同功能的芯片。通过精确地控制这些杂质，还可以制造出处理声音、图像、数据等不同任务类型的芯片。

芯片的材料

芯片的制作过程非常复杂，需要很多特殊的原材料相配合。只有在纯净的加工环境里，才能生产出质量可靠的芯片。这些作为原材料的特殊物质通过先进的技术设备加工处理，形成微小而复杂的电路和结构，最终制成我们所使用的芯片。

▲硅晶片

最主要的原料

芯片属于半导体器件，高纯度的二氧化硅是当前制造芯片的最主要原料。制作芯片时，纯净的硅原料被加工成非常薄的圆片，我们称之为硅片或硅晶片、硅晶圆。

金属材料

芯片中还会使用各种金属材料。例如，高纯度的铝用于连接芯片上的不同部分，制作导电线、形成电路，保证电子信号快速传导，铜则用于铝线的镀层。此外，还有金、钯、钨等贵金属用于制作芯片引脚等，确保导电可靠。

你知道吗？

哪一种材料可以用来制作芯片中的导电线？

A. 金　　　　B. 银

C. 钨　　　　D. 铝

答案：D

▼加工硅晶片

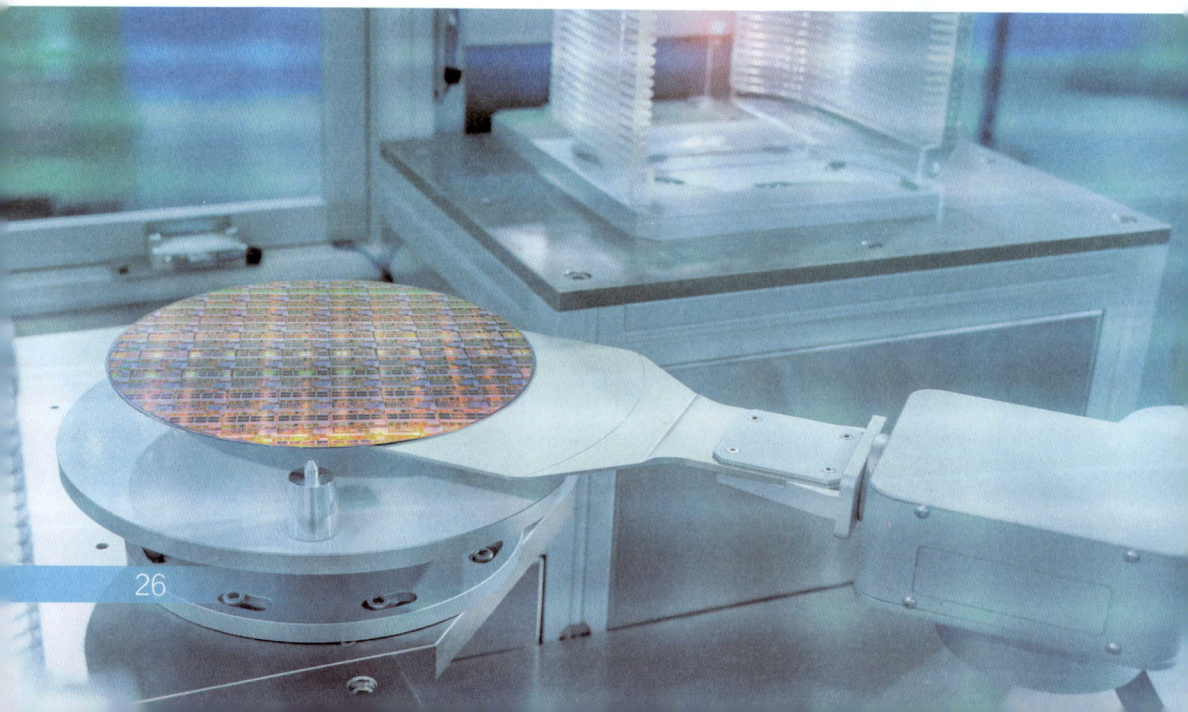

化学气体

制作芯片时，需要使用一些特殊的化学气体。例如，氮气可以保护硅片免受空气中的活性氧和水分的影响，氧气用于在硅片上形成一层氧化硅膜，氖气、氙气等稀有气体在制造芯片时用于线路雕刻等。

▲一块 12 英寸硅晶片可承载数百或数千个集成电路芯片

▲在洁净室，技术人员戴手套用枪中的氮气使硅片保持干燥。

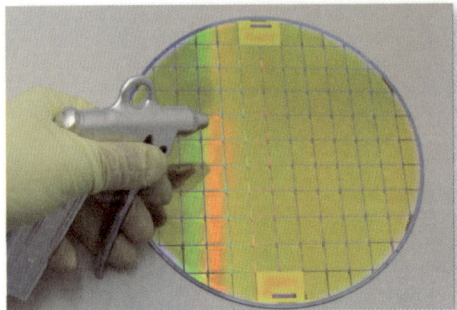

▲在洁净室，技术人员戴手套用枪中的氮气清洁硅晶片。

化学溶液

制作芯片时，还会使用一些特殊的化学溶液。这些溶液可以帮助清洗、刻蚀或沉积材料，以形成芯片所需的结构和电路。

光刻胶

光刻胶是一种特殊的涂料，它在芯片制作过程中起到掩膜的作用。光刻胶被涂覆在硅片表面，然后通过光照和化学处理，可以形成微小的图案和结构。

▲已完成的太阳能硅晶片

27

芯片设计

芯片设计是芯片制造过程中的第一步，设计工程师要借助专业的软件工具来进行电路设计、验证和布局，芯片设计的好与坏决定了芯片的功能、性能与功耗。

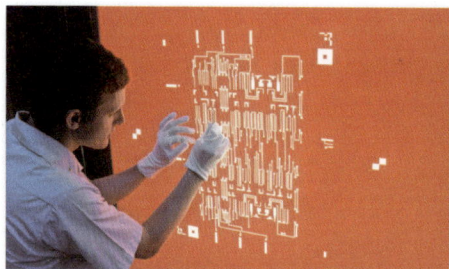

芯片的灵魂

芯片设计是将芯片系统、逻辑与性能的设计转化为具体的物理版图的过程，包括芯片的规格制定、逻辑设计、布局规划、性能设计、电路模拟、布局布线、版图验证等具体工作。

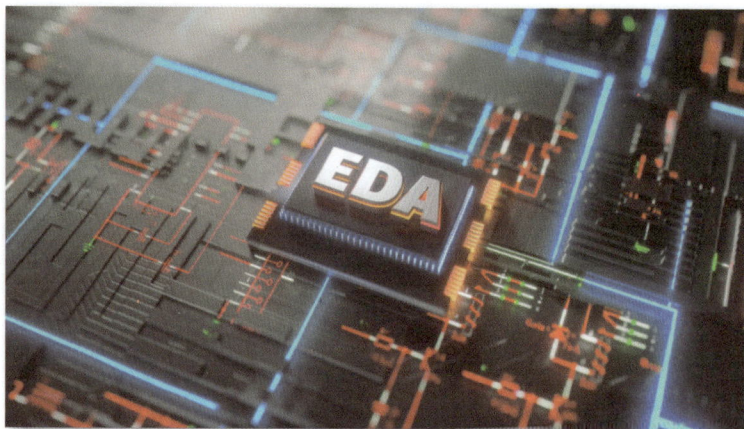

▲工程师对芯片电路图像进行小细节校正

▲芯片设计软件 EDA

专业的软件

EDA（Electronic Design Automation，电子设计自动化）软件堪称芯片设计界的 office 软件。EDA 软件可以进行虚拟的设计、模拟和仿真，以确保流水线生产出来的芯片能一次性成功，降低成本。世界上专业的 EDA 软件公司寥寥可数，但目前市面上也出现了部分可替代的软件。

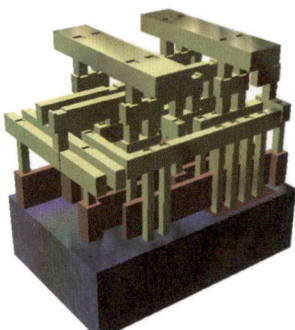

▶在半导体设计中，标准单元方法是一种设计专用集成电路（ASIC）的方法。右图为一个具有三个金属层的小型标准单元的渲染图（电介质已被移除）。

芯片架构

盖房子需要搭建框架，芯片设计同样需要搭建框架，这被称为芯片架构。目前全球主流有四大芯片架构，选择其中哪一种作为架构，这是芯片设计最初就要确定的问题。

前端设计与后端设计

芯片设计分为前端设计和后端设计，前端设计也叫逻辑设计，主要负责芯片的门级网表电路设计；后端设计也叫物理设计，主要涉及与工艺相关的设计。

惊人的事实

芯片设计是半导体行业中极其重要的一环，也是目前国内半导体行业国产化的重要组成部分。

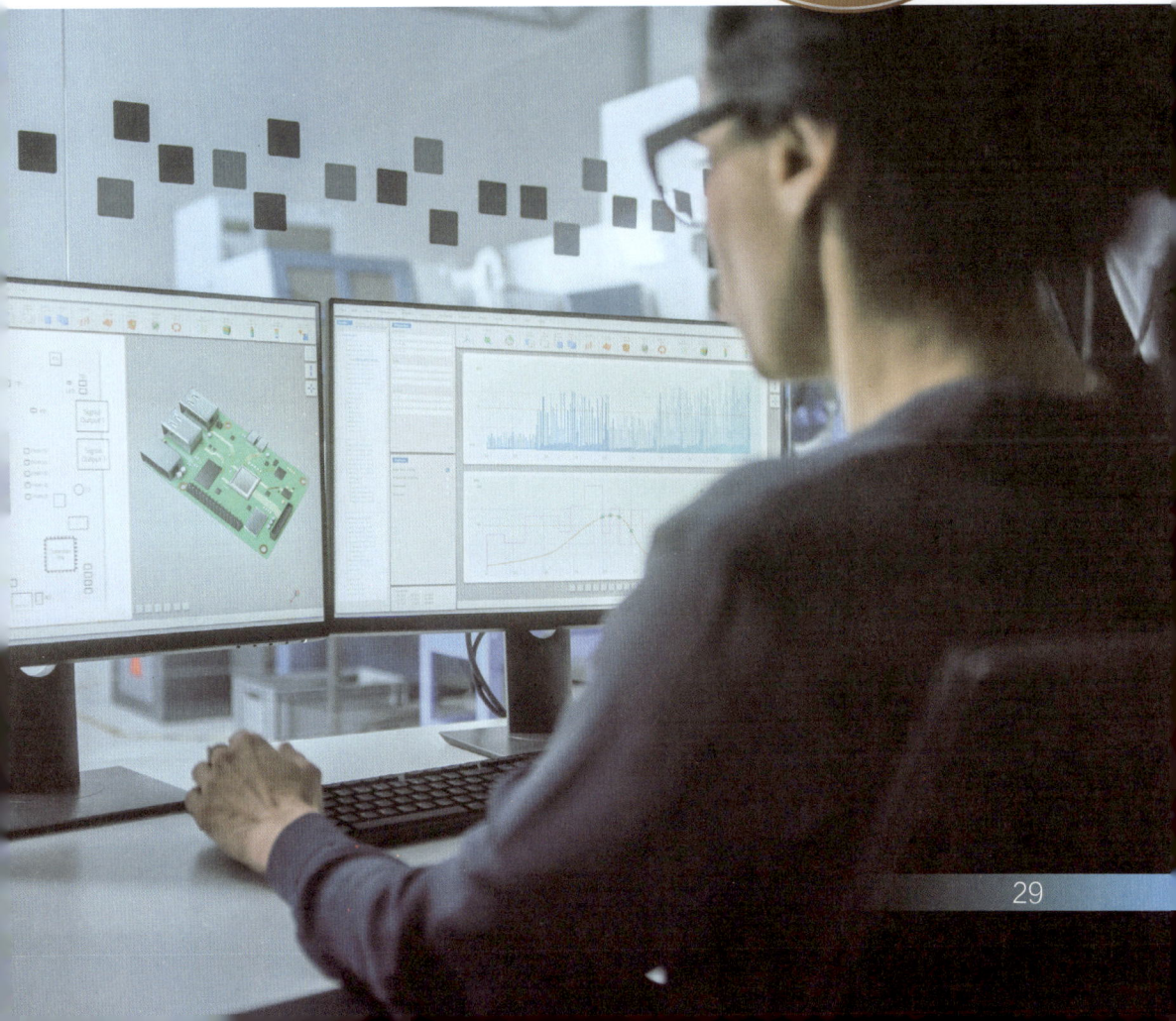

芯片制造

一枚芯片的诞生要经历设计、制造和测试三大环节，每一个环节都包含了复杂的步骤和流程。如果说芯片设计是将设计工程师脑中的想法变为"图纸"，那么芯片制造就是将图纸变为实物。这是一个相当复杂的过程，不仅需要高度专业的知识，也需要高精尖的设备。

打造"地基"

芯片的地基叫硅晶圆或晶圆，制作晶圆的材料就是大家熟悉的沙子。沙子加入碳，在高温作用下转化为纯度约99.999%的硅。硅经过熔化，从中拉出铅笔状的硅晶柱。用钻石刀将硅晶柱切成圆片，抛光后便形成了硅晶圆。

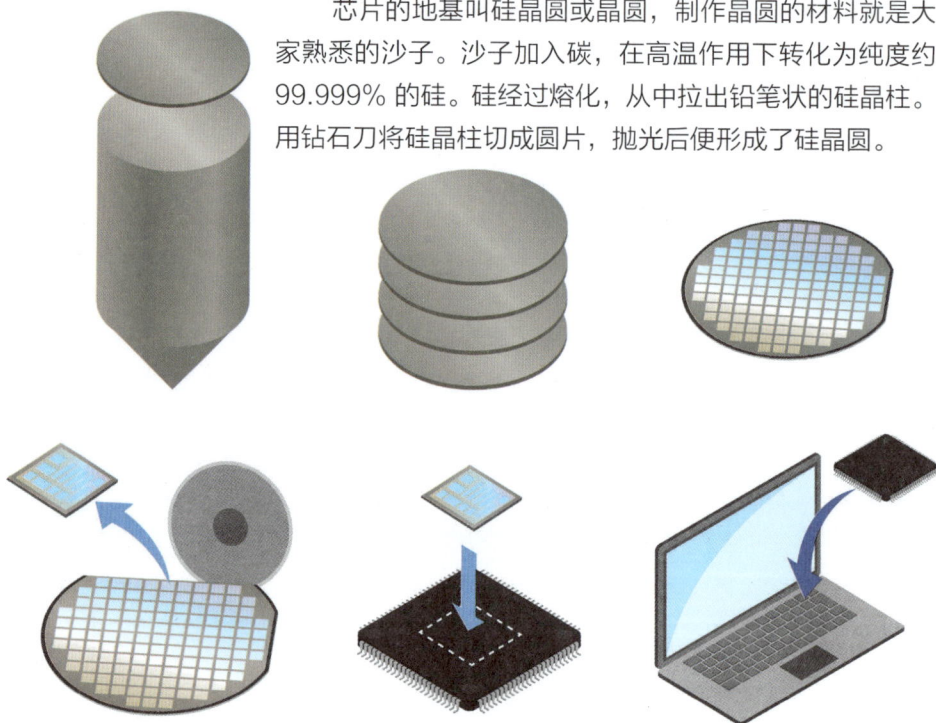

▲芯片的制造过程

光刻制图

晶圆制作好后，需要先在晶圆上涂光敏胶，再通过曝光图案将电路设计照射并转印到晶圆上，然后使用腐蚀液把光刻图案以外的硅蚀刻掉，这样就在晶圆上形成了凹陷的电路图案。

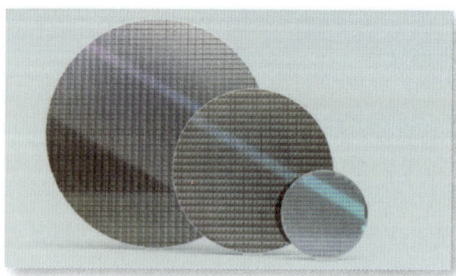

▲硅晶圆上的电路图案

▲硅片正从半导体晶圆上取出，并通过拾放机贴装到印制电路板的材料上。

封装测试

　　用刻刀切割晶圆，分离出成百上千个芯片组件，将芯片连接到外部引脚，并封装在保护性的外壳中，以便与其他电子设备连接和安装，这就是封装过程。测试阶段则是对芯片进行功能、性能和可靠性等方面的全面检测，以确保其符合设计要求。最后将测试好的芯片装配到电子产品的主板上，形成完整功能。

电路形成

　　在做好的电路图案上依次溅射非常薄的铝、铜等金属层，形成导电线。这些金属线路将不同的电子元件连接在一起，形成芯片的电路结构。

▲在印制电路板上焊接和组装芯片

你知道吗？

晶圆制作的第一道工序是什么？
A. 切割硅晶体　　B. 清洗硅片
C. 生产单晶硅　　D. 实施光刻

答案：C

▼将芯片装配到电路板上

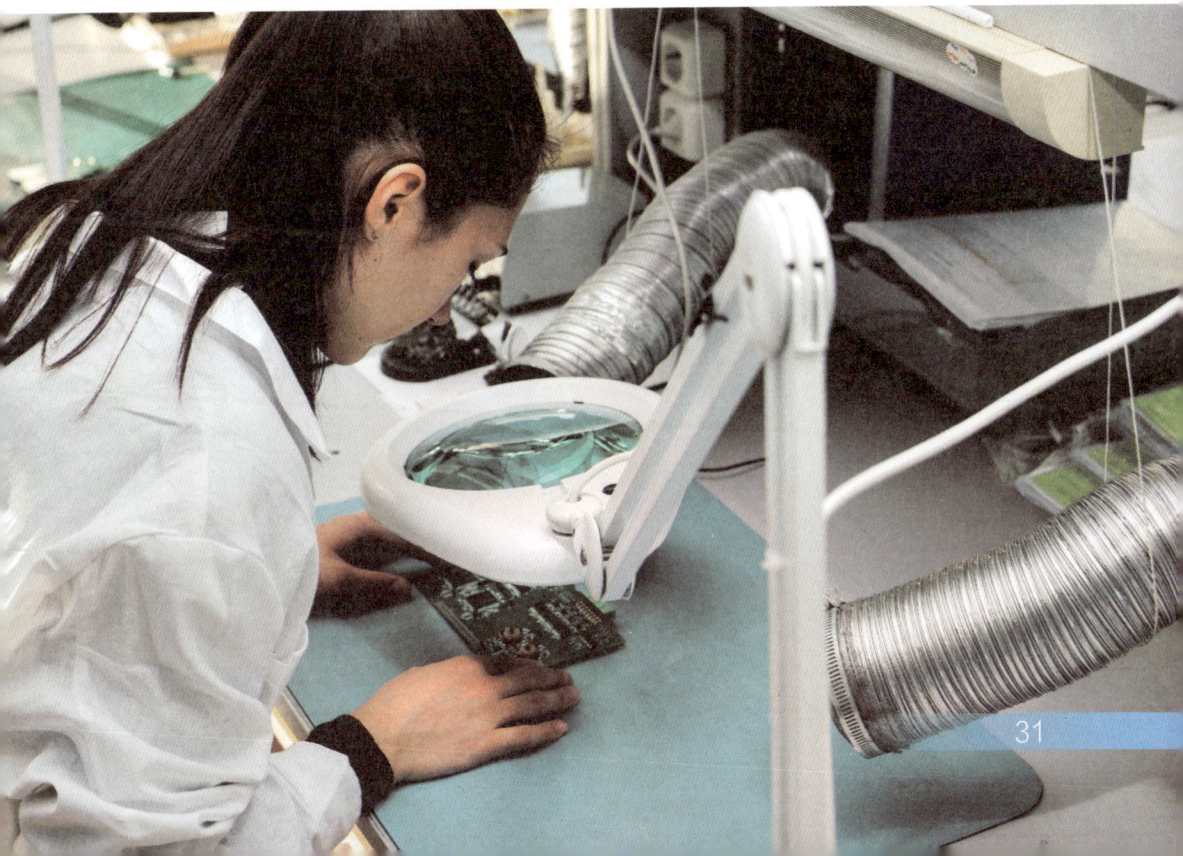

光刻技术

光刻技术是制造芯片过程中非常关键的一步，堪称芯片制造的灵魂技术。它的出现使得芯片制造进入平面加工技术时代，为大规模集成电路和微电子学的飞速发展创造了前提。光刻技术的不断创新，一直持续不断推动着集成电路技术的发展。

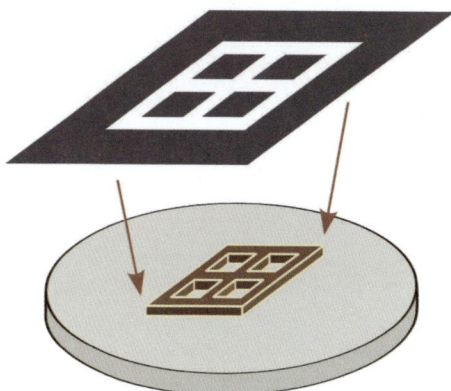

▲掩膜（顶部）和使用它印刷的集成电路层的示意图（底部）

光源和掩膜

光刻胶涂好后，要使用特殊的光源和掩膜来进行光刻。光源可以发出强光，掩膜是一个透明的图案模板，上面有要制作的微小图案。光源通过掩膜，使图案能够投影到涂有光刻胶的硅片上。

光刻胶涂覆

这是芯片制作的第一步。光刻胶是在硅片上涂覆的一层特殊涂料，它可以形成一层保护层，用于后续的图案制作。

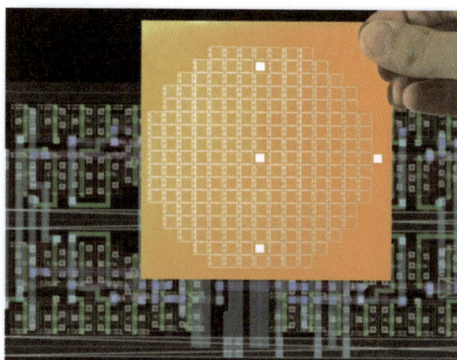

▲掩膜

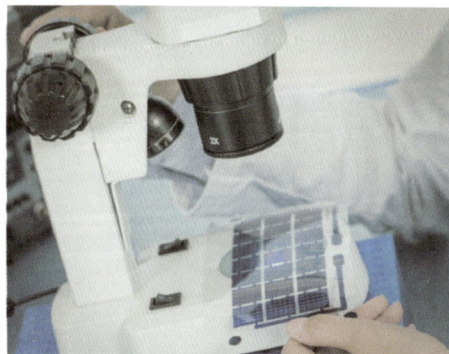

▲光刻技术是芯片制造工艺的关键技术

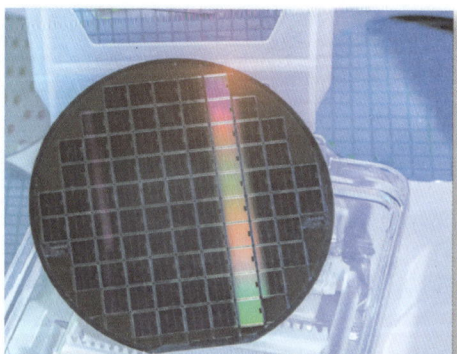

▲对硅晶圆上的图案进行光刻

▲光罩光刻

曝光

当强光通过掩膜时，光刻胶会发生化学反应。在掩膜上的透明部分，强光会穿过光刻胶，使它发生变化。而掩膜上的不透明部分，光刻胶则保持不变。

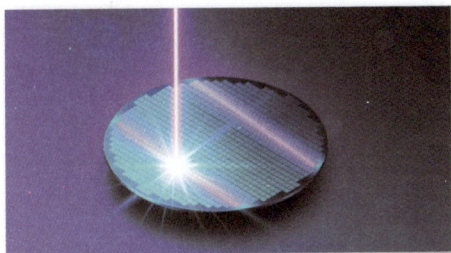
▲激光光刻

图案转移

在光刻胶完成曝光后，需要使用化学溶液去除掉未曝光的光刻胶，暴露出硅片表面的部分，这样就得到了我们想要的微小图案。

▲刻蚀

刻蚀

刻蚀是使用化学蚀刻技术来刻蚀暴露的硅片表面。在这个过程中会移除一些硅，形成微小的凹槽或凸起，这些凹槽或凸起将用于形成芯片的电路和结构。

惊人的事实

光刻技术是半导体制造行业中的一项精密技术，主要作用就是刻蚀电路图案，其精细程度甚至可以达到纳米级。

33

光刻机

光刻机是一种在半导体制造过程中使用的特殊设备，主要用于在芯片制造过程中将非常微小而复杂的电路图案准确地复制到硅片上，从而制造出芯片。它在芯片制造中起着非常重要的作用。

▲光刻过程中的硅晶圆

光刻机的变革

从诞生至今，光刻机经历了从接触式光刻机 / 接近式光刻机到投影式光刻机、步进式光刻机 / 步进式扫描光刻机 / 浸入式光刻机，再到现在的 EUV 光刻机的变革，跨越了从微米级到纳米级的巨大技术节点。

芯片制造重中之重

光刻机承载的光刻任务是芯片制造流程中技术难度最大、成本最高、周期最长的环节，同时光刻机的精度也决定着芯片电路图的精度，代表着芯片的制造工艺。

▲自动化控制的光刻机

高精度

光刻机能够实现非常高的精度和分辨率，可以制造出微小到几十纳米甚至更小的电路图案。

▲切割后的半导体晶圆

高速度

　　光刻机可以将非常微小而复杂的电路图案准确地复制到硅片上，能在较短的时间内完成大量的图案复制，提高芯片的制造效率。

自动化

　　现代化的光刻机通常是自动化的设备，可以根据预先设定的程序进行操作，减少人为的错误和提高生产效率。

多层图案制造

　　光刻机可以通过多次曝光和对准操作，在同一块硅片上制造多层复杂的电路图案，实现集成电路的功能。

▼光刻机

摩尔定律

1965 年，美国英特尔公司创始人戈登·摩尔提出著名的摩尔定律，认为芯片上可容纳的元件每隔 18 ~ 24 个月便会增加 1 倍，芯片性能也将提升 1 倍，这一定律被认为揭示了计算机芯片的发展规律。

摩尔的回应

1965 年，戈登·摩尔在回应"让集成电路填满更多的元件"这一议题时，他在发表的文章中写道："集成电路的元件数量大约每年涨一倍，并将持续增长至少十年的时间，到 1975 年，在一个四分之一平方英寸的半导体中将可能包含多达 65000 个元件。"

新的预测

1975 年底，摩尔结合过去 10 年集成电路集成密度的趋势，提出新结论："从现在开始，半导体的密度将每两年翻一番。"此后，大家把这个预测称为"摩尔定律"。

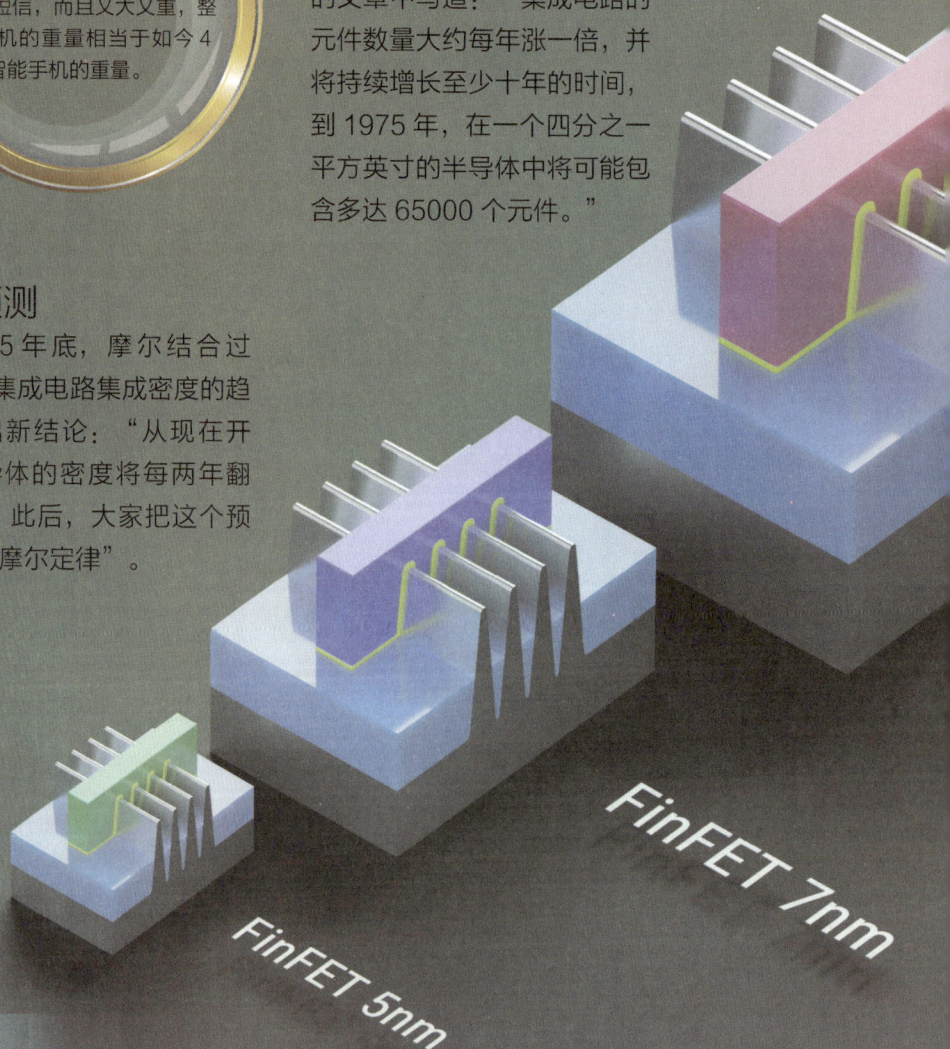

FinFET 7nm

FinFET 5nm

▼根据摩尔定律，芯片设计的主要任务便是缩小晶体管的大小，然后让芯片能够容纳更多的晶体管。

FinFET 14nm

FinFET 10nm

"摩尔定律失效"

摩尔定律被提出时，集成度被定义为包括晶体管在内的所有电子元件的零件数量，集成度越高意味着晶体管等电子元件的小型化程度越高。但制作电子元件的材料与工艺有无可避免的物理极限，随着小型化越来越难，出现了"摩尔定律失效"的说法。

三维堆叠

摩尔定律本质上是与集成度相关的定律。虽然平面上的小型化是提高集成度的有效方法，但三维立体堆叠的小型化被认为更适合半导体器件的未来发展。如果能够实现三维堆叠，芯片单位面积的密度将会进一步增加，摩尔定律将持续更长时间。

存储芯片

存储芯片就像电子设备的记忆工具，作用是帮助电子产品存储数字信息，比如手机、相机存储拍摄的照片和视频。存储芯片会把数据以 0 和 1 的二进制数字方式存储起来，无论关机还是断电，存储芯片都会牢牢记住这些信息。

▲ 存储芯片

▲ 存储芯片以 0 和 1 的方式存储数据

存储数据

存储芯片可以帮助我们存储各种数据，比如照片、音乐、视频和文档等，方便我们随时随地访问和使用这些数据。

保存程序

程序是一组指令，告诉计算机或其他电子设备要执行的操作，而存储芯片也可以用来存储程序。比如将游戏、软件和应用程序保存在存储芯片中，可以随时让电子设备按照这些程序的指令进行工作。

▶ 计算机存储文件想象图

惊人的事实

存储芯片的容量不同，甚至有很大的差异。比如一些低容量的存储芯片可以存储几百个字节，而高容量的存储芯片可以存储几十亿字节的信息。

保留信息

存储芯片可以长时间地保留信息，即使没有电源供应也可以保存。这意味着我们可以把重要的数据和程序存储在存储芯片中，而不会因为电源断电而丢失。

▲ 电脑内存条上的存储芯片

▲ 手机内存卡

快速读取和写入

无论数据、程序还是信息，使用时都需要电子设备进行读取，而这项工作也是由存储芯片完成的。快速读取和写入使我们能够迅速获取存储在芯片中的信息，或者将新的数据写入芯片，以便高效流畅地操作电子设备。

▼ 电子板上的存储芯片

数字芯片与模拟芯片

数字芯片和模拟芯片都是现代电子设备中的重要组成部分。在芯片领域，两者经常被放在一起作比较。它们一个以数字电路为主，用于处理数字信号；另一个以模拟电路为主，用于处理模拟信号。

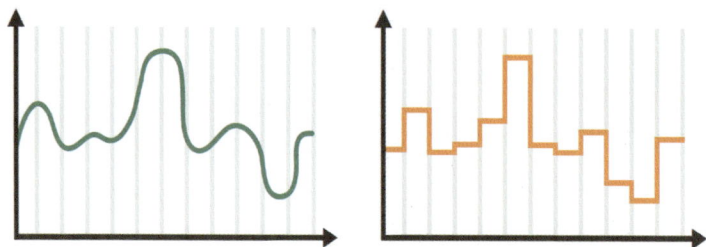
▲模拟信号和数字信号

数字信号与模拟信号

数字信号是一种离散的信号形式，单位信号由二进制数字（0或1）组成，信号精度低，但有较强的抗干扰能力。模拟信号是一种连续变化的信号，其幅度值随时间连续变化，信号精度高，但容易受到噪声和干扰的影响。

◀信号塔发射蜂窝移动数字信号

▲手机处理器芯片

数字芯片

数字芯片用来实现数字信号的处理和控制功能，通过数字信号的开关来进行各种逻辑运算和数据处理。一般由数百万个晶体管和其他电子元件组成，可以在微小的尺寸内集成复杂的数字电路。

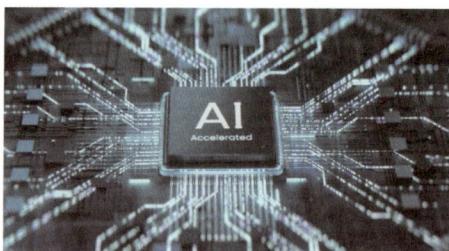
▲人工智能加速器芯片

> **你知道吗?**
>
> 下列哪种不属于模拟芯片的应用领域?
> A. 射频芯片　　 B. 相机美颜
> C. 音频放大器　 D. 滤波
>
> 答案: B

▲ 组装手机芯片

模拟芯片

模拟芯片一般由电容、电阻、晶体管等组成，可通过电压、电流来模拟现实中的声音、光、温度等物理量的变化。外界信号经传感器转化为电信号即模拟信号后，在模拟芯片系统里经过进一步的处理，就可以直接输出到执行端。

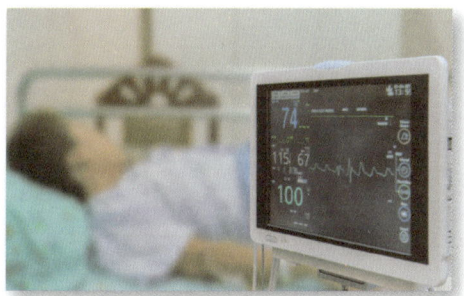

▲医疗设备中需要大量的模拟芯片来实现各种功能，例如在心电图仪、血压计、体温计等设备中，模拟芯片可以实现信号的采集、处理和显示，为医疗人员提供数据支持。

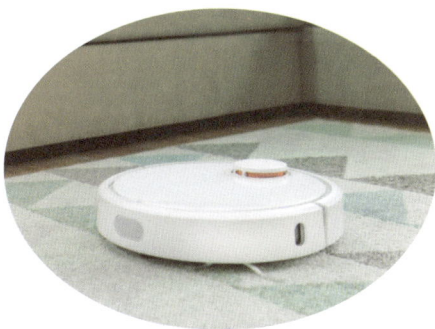

▲一台扫地机器人主要包含主控芯片、传感器芯片、电源管理芯片、Wi-Fi芯片、存储芯片和视觉芯片等

应用领域

手机、家电、智能设备中的处理器芯片以及人工智能加速器芯片，都属于数字芯片的范畴。而模拟芯片在生活中也随处可见，以手机为例，其中的电源管理芯片、射频芯片、滤波器、音频放大器等都是模拟芯片。

传感器芯片

现在很多智能家电设备中都装有传感器芯片。传感器芯片能够感知周围环境信息，并将收集到的信息转化为电信号进行利用。通过不同类型的传感器芯片，我们可以感知和测量各种不同的物理量，使电子设备更加智能、更具交互性。

▲印刷电路板上的感光传感器

温度传感器

温度传感器芯片广泛应用于温度计、恒温器、空调和电热水壶等设备中。通过温度传感器，我们可以知道设备当前的温度，并根据需要进行调整。

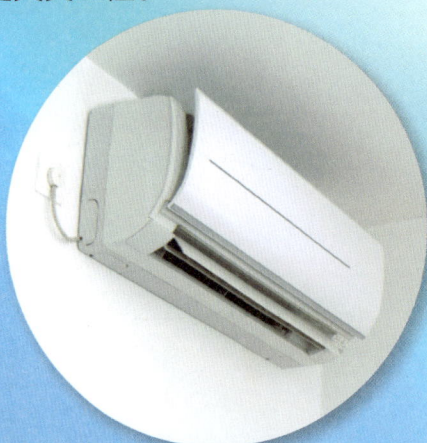
▲空调

▶热水壶

光线传感器

光线传感器可以测量光线的强度，常用于可自动调节的室内照明系统、光敏摄像机和光线探测器等设备中。通过光线传感器，设备可以根据环境的光线条件来自动调整光照强度。

▼智能台灯

声音传感器

　　声音传感器广泛应用于音频设备、语音识别系统和安全报警系统等，可以通过声音传感器来检测声音的大小和频率，并根据需要触发相应的操作。

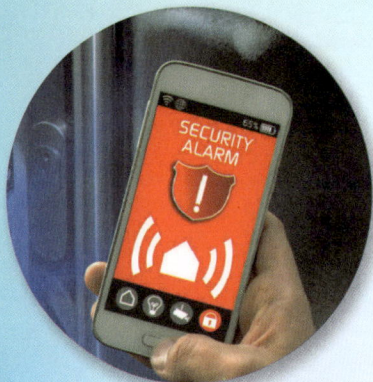
▲手机防盗报警

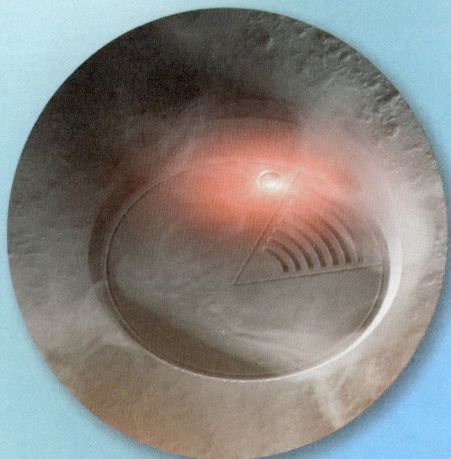
▲烟雾探测器报警

惊人的事实
　　各种各样的传感器芯片让手机、汽车、机器人以及智能家居等产品拥有了感应环境和交互的能力，变得更智能。

加速度传感器

　　加速度传感器能用来测量物体的加速度和运动状态，常用于智能手机、游戏手柄和运动追踪器等设备中。通过加速度传感器，我们可以检测到设备的倾斜、摇晃和加速度变化，从而实现一些有趣的功能，比如游戏中的动作控制或运动追踪。

▼游戏手柄

通信芯片

通信芯片可以发送和接收信号，连接电子设备，并在电子设备之间传输信息。通过电子设备上不同类型的通信芯片，我们可以进行更便捷、更高效的信息交流。

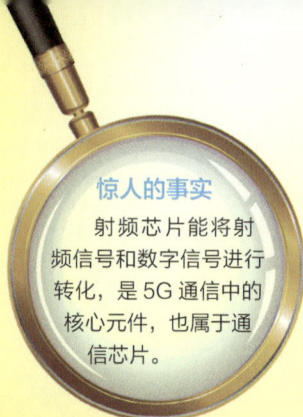

▲手机连接 Wi-Fi 网络

◀戴蓝牙耳机听音乐

无线网络芯片

无线网络芯片可以帮助我们连接到无线网络，比如 Wi-Fi 网络或蓝牙设备。通过无线网络芯片，我们就能通过智能手机、平板电脑或电脑等设备与互联网进行无线通信、浏览网页、收发电子邮件和使用各种在线服务。

手机通信芯片

手机通信芯片是专门用于手机通信的芯片，它可以帮助我们进行语音通话、收发短信和使用移动数据服务。手机通信芯片使我们能够与他人进行远距离的语音沟通，并随时随地接收和发送信息。

▲语音通话

GPS 芯片

GPS 芯片是用于全球定位系统的通信芯片，可以帮助我们确定自己的位置和导航路线。通过 GPS 芯片，我们可以使用导航应用程序在手机或汽车上查找路线、找到附近的地点。

▲智能导航

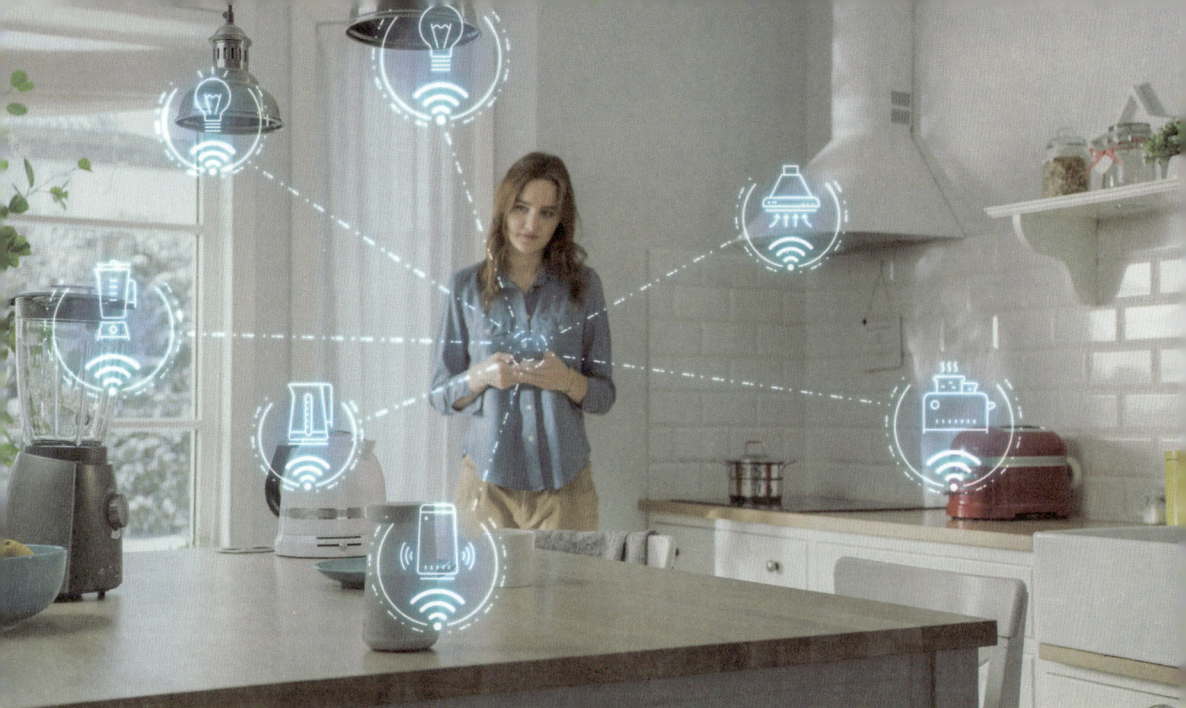

▲智能家居

▲环境监测

无线传感器网络芯片

　　无线传感器网络芯片能够将多个传感器设备连接在一起，实现信息收集和共享。这种芯片广泛应用于环境监测、智能家居和物联网等领域。

有线通信芯片

　　有线通信芯片可用于连接以太网等有线网络，帮助我们使用电脑、电视和游戏机等设备与互联网进行有线通信，下载文件、观看视频和玩在线游戏。

▲视频会议

▲下载文件

图像处理芯片

图像处理芯片可以快速地对图像和视频进行处理，它被广泛应用在需要显示或处理图像的电子产品中，它是让许多智能电子产品"看得清"和"看得懂"图像的关键元件。

你知道吗？

下面哪一种情况不是图像处理芯片的应用领域？

A. 相机美颜

B. 无人机避障

C. 医学影像扫描

D. 手机收发信息

答案：D

▲ 1999 年 8 月，英伟达公司发布了世界上第一款图像处理芯片——GeForce 256。

数码相机

图像处理芯片可以帮助相机快速对焦，让你拍摄出清晰的照片。同时，它还可以美化人像，让你看起来更漂亮或更帅气。另外，图像处理芯片还可以增强照片的色彩，使图片更加鲜艳和生动。

智能安防监控

图像处理芯片在智能安防监控设备中非常重要。它可以帮助分析监控视频，进行人脸识别，帮助判断是否有陌生人进入，在帮助保护家庭和维护公共场所安全领域发挥着重要作用。

▲相机拍照

▼查看监控

无人机和自动驾驶汽车

图像处理芯片在无人机和自动驾驶汽车等设备中主要用来分析设备拍摄的图像，判断前方的路况，帮助避免碰撞，就像无人机和汽车的"眼睛"，能够提供避障和导航功能。

▲无人机

▲自动驾驶汽车

医学诊断

医生在进行诊断时，常常需要观察医学扫描图像。图像处理芯片可以帮助医生获得更清晰的医学扫描图像，提高诊断效率，使医生能够更好地了解患者的病情，并做出准确的诊断。

▶医生在观察医学扫描图像

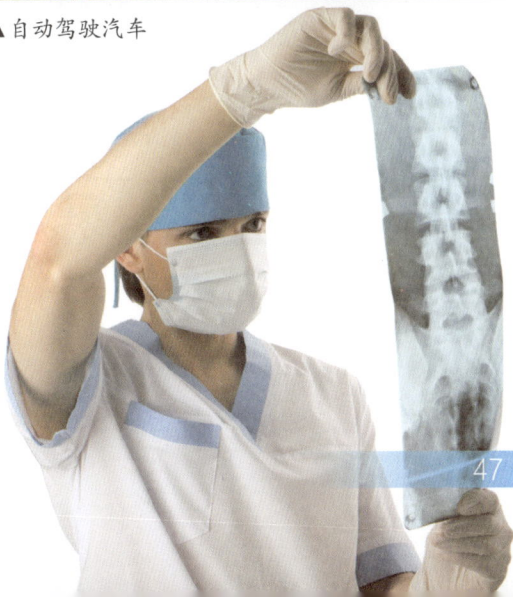

47

▲电脑中的中央处理器

电脑中的芯片

电脑从诞生到今天，体积不断缩小，性能越来越好，这其中离不开芯片的发展。无论是台式机还是笔记本电脑又或者平板电脑，它们的正常运作都离不开各种各样的芯片。

▲ IBM PowerPC 604e
中央处理器

中央处理器（CPU）

中央处理器就是电脑的"大脑"，负责执行各种计算任务。当你使用电脑时，中央处理器会帮助电脑运行各种软件程序、游戏或其他任务，它决定了电脑的运行速度和性能。

▲中央处理器是电脑的核心元件

图形处理器（GPU）

图形处理器芯片主要负责处理电脑屏幕上的图像和图形。当你玩游戏、观看视频或者编辑照片时，图形处理器芯片会帮助电脑显示出清晰、流畅的图像或动画效果。

◀ IBM 8514 是
IBM 于 1987 年
推出的一款显卡

▶ ET4000 是 20 世纪 90 年代初期推出的一系列 SVGA 图形控制器芯片

48

内存芯片（RAM）

内存芯片用于临时存储正在使用的数据和程序。它类似于电脑的工作台，让电脑能够快速读取和写入数据。

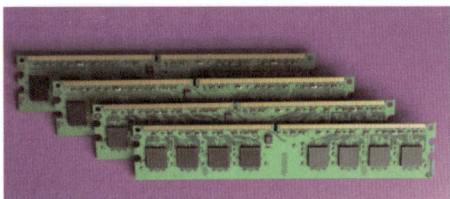

▲ 内存芯片

存储芯片（硬盘/固态硬盘）

存储芯片在电脑中用于长期存储数据和文件，可以保存大量的文件、照片、音乐和视频等。硬盘和固态硬盘是两种常见的存储芯片类型，具有不同的工作原理和运行速度。

◀ 硬盘

▼ 主板芯片组

主板芯片组

主板芯片组是连接和管理电脑各个组件的重要芯片集合，它包括北桥芯片和南桥芯片。北桥芯片负责连接中央处理器、内存和图形处理器等高速组件，而南桥芯片负责连接存储设备、USB 接口、网络接口和音频接口等外部设备。

生物芯片

生物芯片是一种特殊的芯片，它与生物学和医学紧密相关。生物芯片上有微小的结构和电路，可以与人体或其他动植物等生物体进行交互和沟通。

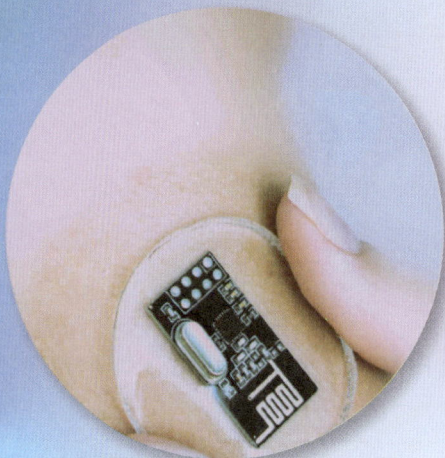
▲微流控生物芯片

结构和组成

生物芯片通常由硅或玻璃等材料组成，上面有微小的通道、电极和传感器，可以用来探测和分析生物体中的不同物质，以及监测生物体的生命体征等。

▲硅材质的生物芯片

生物体的交互

生物芯片可以与生物体进行交互，例如人体。它们可以被放置在身体里，通过传感器来监测和测量身体的各种参数，如心率、血压和体温等。

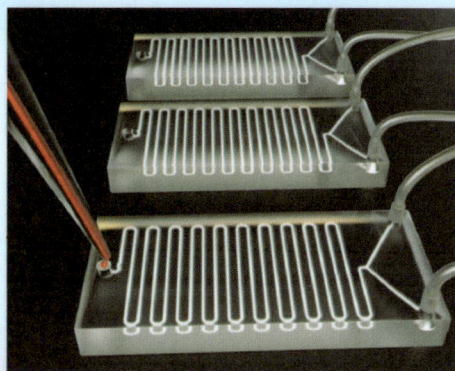
▲玻璃材质的生物芯片

惊人的事实

生物芯片是一种将电子学和生物学相结合开发出来的芯片，它为医学和生物科学研究提供了新的工具和方法。

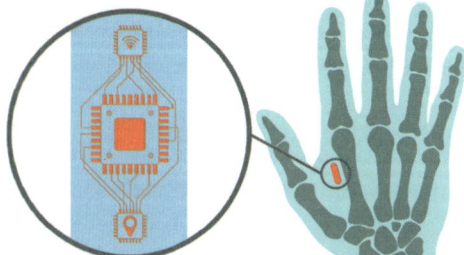
▲置入人体内的生物芯片

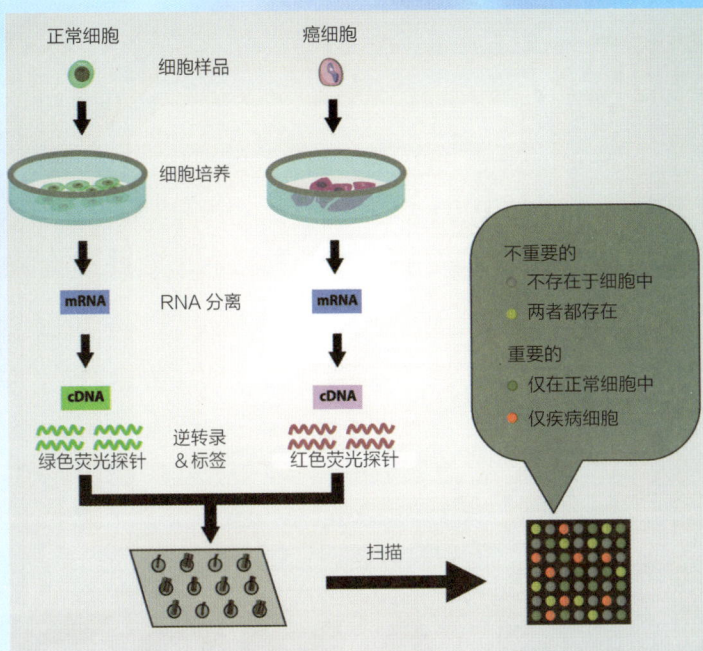

正常细胞　癌细胞

细胞样品

细胞培养

mRNA　RNA 分离　mRNA

cDNA　cDNA

绿色荧光探针　逆转录&标签　红色荧光探针

不重要的
○ 不存在于细胞中
● 两者都存在

重要的
● 仅在正常细胞中
● 仅疾病细胞

扫描

▲基因芯片的原理

基因芯片

基因芯片也被称为 DNA 芯片，可以用来研究和分析基因。基因是生物体中控制遗传特征和功能的基本单位，基因芯片可以帮助科学家了解我们身体中哪些基因在起作用，以及它们如何影响我们的生长、发育和健康。

医学应用

生物芯片在医学领域有很多应用，例如用来检测病毒是否存在和识别病毒；还可以用于药物研发，帮助科学家更快速地测试药物的效果和副作用。

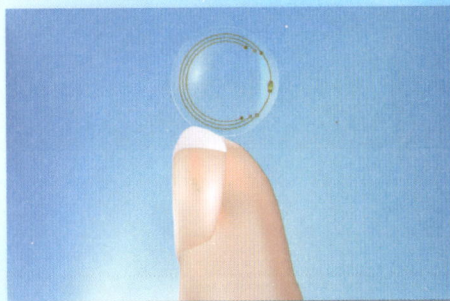

▲带芯片的隐形眼镜

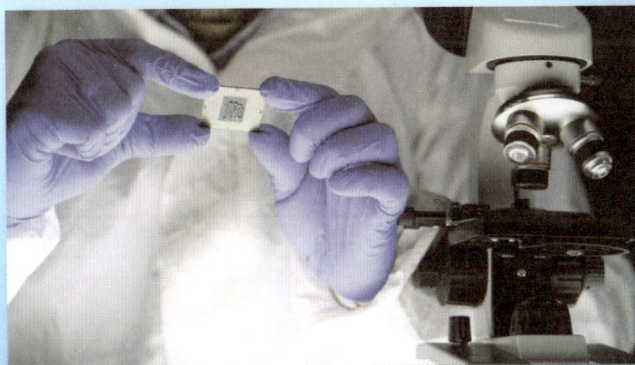

▲生物芯片使研究人员能够快速筛选大量的生物分析物用于各种研究

农业应用

在农业上，生物芯片还可以用来监测和控制植物的生长环境，用来检测和识别农作物中的害虫或病原体，帮助防治病害和提高农作物的抗病能力。

人工智能芯片

人工智能（Artificial Intelligence，AI）芯片即 AI 芯片。在人工智能应用中，非计算任务主要由 CPU 负责，而用来处理人工智能应用中大量计算任务的就是 AI 芯片，这是一类针对人工智能算法需求做了特殊加速设计的芯片。

◀英伟达 NVIDIA 是一家以设计和销售 GPU 芯片为主的半导体公司。图为英伟达公司标志。

▲英伟达 Quadro FX 2000 显卡

主要类型

按技术架构分类，AI 芯片主要有通用芯片（GPU）、半定制化芯片（FPGA）、全定制化芯片（ASIC）以及类脑芯片四类。

▲超威半导体公司 (AMD) 的主要产品是中央处理器（包括嵌入式平台）、图形处理器、主板芯片组以及存储器。图为超威半导体公司标志。

GPU 芯片

GPU 芯片适用于单指令、多数据处理领域，主要处理图像领域的运算加速。GPU 不能单独使用，必须由 CPU 进行调用，下达指令才能工作。当 CPU 需要处理大数据计算时，可调用处理大数据计算的能手 GPU 帮忙。

你知道吗？

以下哪种不属于人工智能芯片范畴？

A. CPU   B. FPGA

C. GPU   D. ASIC

答案：A

FPGA 芯片

FPGA 适用于多指令，单数据流领域。与 GPU 不同，FPGA 因没有内存和控制带来的存储、读取部分，运行速度更快，功耗更低。

▲ FPGA 芯片

ASIC 芯片

ASIC 是为适应特定场景应用要求而定制的专用 AI 芯片。除了功能难以扩展以外，在功耗、可靠性、体积方面都有优势，适用于高性能、低功耗的移动设备端。

▼ GPU 芯片

▲ ASIC 芯片

类脑芯片

类脑芯片采用了模拟人脑神经网络模型的新型芯片编程架构，这一系统能模拟人脑功能进行感知、行为和思考，类脑芯片也因此成为人工智能芯片中研究难度最大，但发展前景也最广阔的一类芯片。

▲ 类脑芯片

量子芯片

量子芯片以量子力学作为理论基础，这意味着拥有量子芯片的量子计算机会拥有比传统计算机更高效的运算能力。虽然量子芯片还在不断发展中，但它们代表了未来计算机科学发展的一个重要方向。

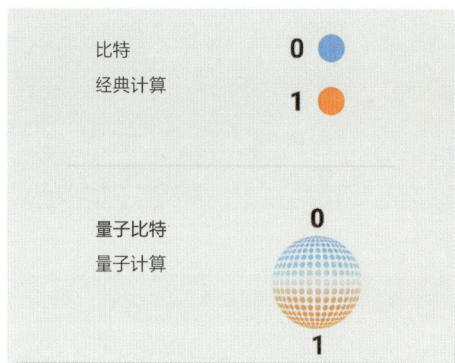

▲比特和量子比特

量子力学的奇妙世界

量子力学告诉我们，微小的粒子有一些特殊的性质：它们可以同时处于多个状态，而不仅仅是我们平常所见到的一个状态。这就像是一个粒子可以同时在两个地方，或者同时做两件事情一样奇妙。

▲量子比特

量子比特

在量子芯片中，最基本的计算单元叫作量子比特，简称为"qubit"。它类似于传统计算机中的比特，但比特只能表示 0 或 1 这两个状态，而量子比特可以同时表示 0 和 1。

▼量子芯片

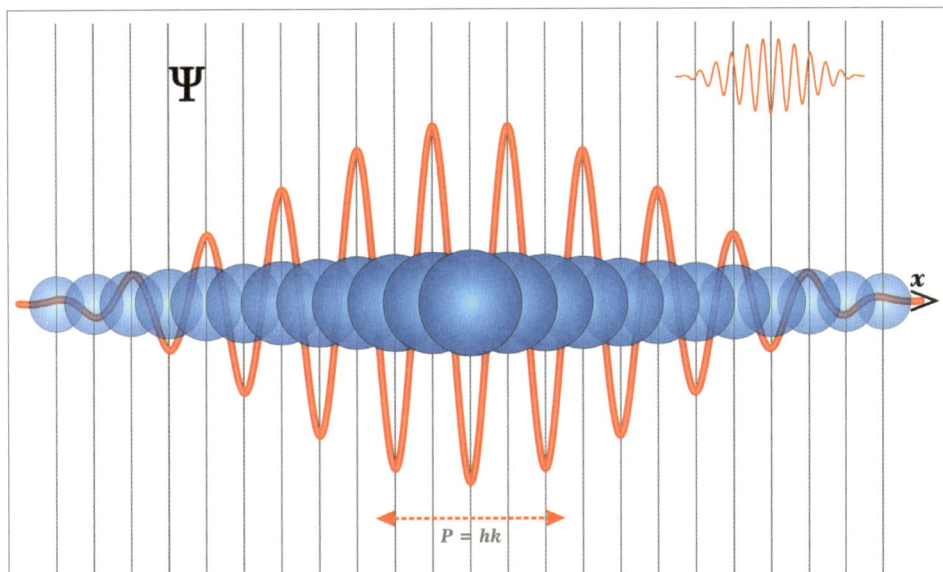

$$\Psi$$

$$P = hk$$

$$x$$

▲量子叠加

▲量子纠缠

量子叠加和量子纠缠

量子比特的一个重要特性是量子叠加和量子纠缠。量子叠加意味着一个量子比特可以同时处于 0 和 1 的状态，并非只能是其中一个。量子纠缠是指两个或多个量子比特纠缠在一起时，它们的状态会相互关联。

量子计算机的优势

量子芯片利用这些量子特性可以在同一时间处理多个问题，而传统计算机只能一个一个地处理，这会使采用量子芯片的量子计算机在某些特定的任务上比传统计算机更加高效。

惊人的事实

为了实现对量子芯片中量子比特的精确控制，芯片制造的环境不仅要超低温，还要超洁净，任何极其微弱的噪声、振动、电磁波等都不容许存在。

未来芯片的发展

　　未来的芯片可能会经历一些很酷的变化，这些变化将使我们的电子设备在不断变小的同时更加智能化。它们将颠覆我们的生活方式，并提供更多的便利和创新。

▲量子计算和光子计算等前沿技术的探索，也为 AI 芯片的未来发展开辟了无限可能。

更小更强大

　　未来的芯片可能会变得更小，却能够存储更多的信息并处理更复杂的任务。这意味着我们的计算机、手机和其他电子设备将会变得更轻便、更强大。

▼在不久的将来，我们将迎来全新的计算时代。

更快的速度

　　随着技术的进步，未来的芯片工作效率可能会变得更高。这意味着我们的电子设备可以更快地处理信息，计算机程序和游戏会运行得更流畅。

▲未来，芯片之间的融合将成为一个新方向。

更智能的功能

　　未来的芯片可能会具备更多的智能功能，变得更智能。这意味着我们的设备可以更好地理解和响应我们的需求，会更好地执行我们的指令。

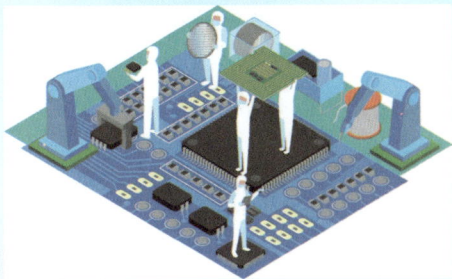

▲未来，人们可以针对不同场景对不同类型的芯片进行更精细化的定制。

更节能环保

　　未来的芯片可能会使用更少的电力来工作，变得更节能。这意味着我们的电子设备可以更长时间地使用电池，而且充电效率更加高效。这对环境保护非常重要。

新的应用领域

　　未来的芯片可能会推动新的应用领域的发展。例如，用于发展智能医疗设备，帮助医生更好地监测病人的健康状况；或者用于开发智能交通系统，让汽车更安全地行驶。

惊人的事实

　　未来芯片的运算会比现在快得多，可以在几秒钟内下载一部电影，或者可以让我们在几乎没有延迟的情况下与朋友进行视频聊天，这一切都将变得很容易。

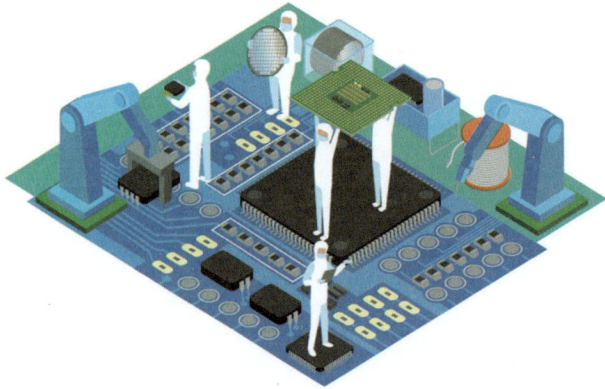